高等职业教育建筑设计类专业系列教材

设计美学基础（第2版）

SHEJI MEIXUE JICHU

重庆工商职业学院城市建设工程学院　组编

主　编／吴　懿　重庆工商职业学院

　　　　秦　岭　重庆城市职业学院

副主编／陈　锐　重庆工商职业学院

　　　　余佳洁　重庆建筑工程职业学院

　　　　寿家梅　重庆文化艺术职业学院

参　编／潘　霞　重庆建筑装饰协会

　　　　唐小川　重庆建筑装饰协会

主　审／刘海波　江苏建筑职业技术学院

重庆大学出版社

内容提要

本书是高等职业教育设计类专业群的专业基础课程教材。全书共4个模块，24个项目，模块1介绍构成基础技能，包括设计构成的含义及发展过程；模块2讲述平面构成技能，包括平面构成的基础、平面构成的要素、形与形的组成方式、基本形与骨格、平面构成法则和平面构成形式美法则等；模块3讲述色彩构成技能，包括色彩构成的基础知识、色彩三属性、色彩构成法则、色彩与心理以及色彩构成在设计中的拓展应用等；模块4讲述立体构成技能，包括立体构成的基础、立体构成的要素、材料以及立体构成在设计中的拓展应用等。

本书可作为高等职业教育设计类专业基础课程教材使用，也可作为相关行业从业人员培训或者自学用书。

图书在版编目（CIP）数据

设计美学基础 / 吴懿, 秦岭主编. -- 2版. -- 重庆：

重庆大学出版社, 2023.8

　高等职业教育建筑设计类专业系列教材

　ISBN 978-7-5689-3189-2

Ⅰ.①设… Ⅱ.①吴…②秦… Ⅲ.①建筑美学—高

等职业教育—教材 Ⅳ.①TU-80

中国国家版本馆CIP数据核字（2023）第150826号

高等职业教育建筑设计类专业系列教材

设计美学基础（第2版）

SHEJI MEIXUE JICHU

主　编　吴　懿　秦　岭

副主编　陈　锐　余佳洁　寿家梅

主　审　刘海波

策划编辑：林青山

责任编辑：姜　凤　　版式设计：林青山

责任校对：王　倩　　责任印制：赵　晟

*

重庆大学出版社出版发行

出版人：陈晓阳

社址：重庆市沙坪坝区大学城西路21号

邮编：401331

电话：（023）88617190　88617185（中小学）

传真：（023）88617186　88617166

网址：http://www.cqup.com.cn

邮箱：fxk@cqup.com.cn（营销中心）

全国新华书店经销

重庆五洲海斯特印务有限公司印刷

*

开本：787mm×1092mm　1/16　印张：13.25　字数：271千

2022年6月第1版　2023年8月第2版　2023年8月第2次印刷

ISBN 978-7-5689-3189-2　定价：55.00元

前　言（第2版）

　　2019年4月，教育部下发的《关于切实加强新时代高等学校美育工作的意见》（教体艺〔2019〕2号）（以下简称《意见》），要求高校进一步全面深化美育综合改革。根据《意见》的要求，编者开发了在线课程"设计美学初步"，配有教学视频、动画演示、虚拟仿真实验、教学PPT等信息化资源。该课程资源建成上线后便获得了上百所院校、数万师生青睐，被认定为重庆市高校精品在线开放课程，本书为该课程的配套教材，教材第1版于2022年出版后，根据党的二十大精神和使用院校的反馈意见，及时进行修订改版，遵循"适用为准、够用为度、终身学习"的原则，升级成为适合建筑设计类专业使用的新形态融媒体教材。

　　本书以"满足人们对美好生活的向往"为宗旨，以《意见》为指导，以"用设计传递家国情怀，用图像讲好中国故事"为抓手，以"以美育美、践行践美、传美扬美"为课程思政路径，进行教材建设。本书修订时结合《高等学校课程思政建设指导纲要》（教高〔2020〕3号），对大量的案例和课程思政体系进行了调整。本书共4个模块，24个项目。模块1构成基础技能，包括设计构成的含义及发展过程；模块2平面构成技能，包括平面构成的基本要素，基本形、形与形的骨格关系，形式美法则以及平面构成在设计中的拓展应用等；模块3色彩构成技能，包括色彩构成的基础、三属性、构成法则、色彩与心理以及色彩构成在设计中的拓展应用等；模块4立体构成技能，包括立体构成的基础、立体构成的要素、材料以及立体构成在设计中的拓展应用等。

　　本书由重庆工商职业学院城市建设工程学院组编，联合重庆璞览文化传播有限公司和重庆建筑装饰协会共同开发编写，吴懿、秦岭担任主编，陈锐、余佳洁、寿家梅担任副主编，潘霞、唐小川担任参编。具体编写分工如下：重庆工商职业学院吴懿负责内容设计与前言、模块1、模块2项目2.1—项目2.8、模块3项目3.1—项目3.5、模块4项目4.1—项目4.4的编写工作；重庆工商职业学院陈锐负责模块2项目2.9、模块3项目3.6、模块4项目4.5的编写及图片收集和整理工作；重庆璞览文化传播有限公司、重庆建筑装饰协会潘霞提供了NCD相关图片资料及部分案例；重庆城市职业学院秦岭、重庆文化艺术职业学院寿家梅负责图片审核；重庆建筑工程职业学院余佳洁、重庆建筑装饰协会唐小川负责文字审核；江苏建筑职业技术学院刘海波担任本书主审。

　　本书在编写过程中参考了大量国内外相关文献及图片资料，在此对其作者表示衷心的感谢。特别感谢重庆璞览文化传播有限公司、重庆青山溪山文化传播有限公司、重庆谷沧装饰设计工程有限公司、重庆灵犀软装设计有限公司、瞿敬松、刘方伟、江颖、李立等为本书提供的图片和重要文字资料，以及重庆大学出版社的大力支持。

　　本书在编写过程中，限于编者的专业水平和实践经验，书中难免存在疏漏或不妥之处，恳请广大读者批评指正。

编　者

2023年2月

Contents

目 录

模块 1

构成基础技能

项目 1.1　设计构成的含义

在我们生活的空间里，人们每时每刻都与周围的环境发生着联系。环境是以物的形式存在的。"物"从广义上可分为自律之物和他律之物。自律之物是指没有任何人参与的自然物，如山川河流、飞禽走兽等。他律之物是指人为之物，即通过设想和计划（设想是目的，计划是过程）安排而形成的事物。我们通常把这种有目标和计划的创作行为和活动称为设计。

设计构成是有意识地排列某种物品。也就是说，构成是因为某种目的而对一定的材料进行组合。构成行为必定带有某种目的性，必须有构成元素，还要有一定的构成手法，这三个条件缺一不可。

按照包豪斯三大构成教学系统，可将设计构成分为平面构成、色彩构成和立体构成 3 个部分。平面构成即在二维平面内，依照形式美的法则和一定的秩序通过点、线、面等构成元素加以重新布置、组合，形成新的图形。立体构成是在三度空间（长、宽、高）内将点、线、面、体的形态要素按照一定的原则组合成新的形体。按设计构成研究的性质和特点，可分为色彩构成、时间构成和空间构成。图 1.1 为日本朝仓直巳在《艺术·设计的立体构成》一书中的划分方式。

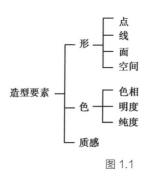

图 1.1

项目 1.2　现代设计的萌芽

1.2.1　俄国构成主义运动

俄国构成主义设计是俄国十月革命胜利前后，在俄国一小批先进的知识分子中产生的前卫

▲ 图 1.1　造型要素划分

艺术运动和设计运动，无论从其深度还是探索的范围来讲，都毫不逊色于德国包豪斯或者荷兰的风格派运动。但由于这个前卫的探索早在 1925 年前后遭到了斯大林的反对，因此，没能像德国的现代主义那样产生世界范围的影响，这是非常令人遗憾的。

1919 年，伊莫拉耶娃、马列维奇和李西斯基在维特别斯克市成立了激进的艺术家团体"宇诺维斯"。同年，李西斯基开始从事构成主义的研究，把绘画上的构成主义因素运用到建筑中，并用"PROUN"来指代新艺术。1920 年，宇诺维斯在荷兰和德国展出了自己的作品，对荷兰风格派产生了直接的影响。

构成主义最早的设计专题是 1922—1923 年由亚历山大·维斯宁和他的弟弟列昂尼·维斯宁设计的人民宫，这是一座巨大的椭圆形体育馆建筑，旁边有一座巨大的塔，塔与体育馆之间是无线电台天线网，这些天线网同时起到建筑空间结构的作用。

当时，西方的前卫艺术运动受第一次世界大战和共产主义革命的影响较大，战后出现了表现主义的新高潮：表现形式各有不同，虚无的、伤感的、宿命的成分大大增加，体现在勃什和维弗尔的诗歌、凯塞和托勒的戏剧、卡夫卡的小说等方面，与此同时，现代建筑也受到这种思潮的影响。俄国的构成主义此时传入西欧，对促进新形势起到了重要作用。

1923 年，有两件重大的事情促进了现代设计观念，特别是构成主义的发展。一是国际构成主义大会的举行。1922 年，德国包豪斯学院在杜塞多夫市举办国际构成主义和达达主义研讨大会，有两个世界最重要的构成主义大师前来参加大会，他们是俄国构成主义大师李西斯基和荷兰风格派的组织者西奥·凡·杜斯博格。他们带来了各种关于纯粹形式的看法和观点，从而形成了新的国际构成主义观念。二是俄国文化部在柏林举办的俄国新设计展览。这次展览不只是让西方系统地了解到俄国构成主义的探索与成果，同时，更重要的是了解设计观念背后的社会观念——社会目的性。瓦尔特·格罗皮乌斯立即改变了包豪斯学院的教学方向，抛弃无病呻吟的表现主义艺术方式，转向理性主义，提出"不要教堂，只要生活的机器"的口号，成为包豪斯学院自 1919 年成立以来第一次重大的政策调整。虽然包豪斯学院直到 1927 年才开办建筑专业，但是它的基础教育和教育思想在很大程度上已经受到俄国构成主义的影响。格罗皮乌斯聘用康定斯基和来自匈牙利的构成主义设计家拉兹洛·莫霍利·纳吉担任包豪斯学院的教员，正是受其影响的重要表现。

1.2.2 俄国构成主义运动的影响

俄国构成主义在艺术上具有非常大的突破，对世界艺术和设计的发展也起到很大的促进作用。在电影上，爱森斯坦创造了构成主义式的新电影剪辑手段，被称为蒙太奇，成为世界电影剪辑手法中的核心成分。俄国舞台剧作家梅耶霍德的舞台设计和剧本安排受到构成主义的很大影响，同时他的作品又影响到欧洲现代戏剧家匹斯卡多和布莱希特的创作。罗钦科和李西斯基的平面设计，特别是平面排版设计和大量采用摄影的方式，影响了许多欧洲国家的平面设计，尤其是在纳吉的设计中表现明显。在建筑上，俄国构成主义的影响在格罗皮乌斯、阿道夫·迈耶（包豪斯学院第三任校长）等人的设计中非常鲜明。1922 年，他们两人在竞争"芝加哥论坛报"大厦建筑项目上表现出这种理性主义的倾向和俄国的影响。米斯·凡德罗当时的一些作品，如 1923 年的钢筋混凝土结构办公室设计项目、砖结构农村建筑项目等，都明显地受到俄国构成主义的影响。

项目 1.3　现代设计的发展

1.3.1　包豪斯学院

1919 年，德国著名建筑家、理论家格罗皮乌斯在德国创建了包豪斯学院（图 1.2）。包豪斯学院致力于艺术设计教育，是现代艺术设计教育的奠基之石，是现代设计的摇篮。在包豪斯学院成立初期的十余年时间里，经过全校师生的努力，集中了 20 世纪初荷兰风格派运动、苏联构成主义运动的成果，并加以发展和完善，形成了新的设计教学体系，把欧洲的现代主义设计运动推到了空前的高度。包豪斯学院虽在纳粹的胁迫下强制关闭，但在设计与设计教育中的地位是难以估量的（图 1.3—图 1.5）。

图 1.2

图 1.3

图 1.4

包豪斯学院广泛采用工作室制进行教育，让学生参与动手的制作过程，完全改变了以往只重视绘画而不重视实作的陈旧的教育方式。同时，包豪斯学院还积极与企事业进行校企合作，使学生能够体验学习与生产的无缝连接，开创了设计教学的新篇章。如今，国内高校也开始强调校企合作制和项目驱动法，重视学生在校的学业与社会的职业连接。

图 1.5

◀ 图 1.2　包豪斯学院
▲ 图 1.3　《Slit Tapestry Red-Green》（来源：斯托尔）
▲ 图 1.4　法格斯工厂（来源：格罗皮乌斯和迈耶）
▲ 图 1.5　《小世界》（来源：康定斯基）

1.3.2　包豪斯学院的设计构成课程特点

1）伊顿的基础课教学

图 1.6

　　伊顿（图 1.6），瑞士画家、设计师、作家、理论家、教育家，师从德国表现主义画家阿道夫·赫尔策尔，是包豪斯初期"基础课"教学的创立人。其代表作如图 1.7—图 1.10 所示。

图 1.7

图 1.8

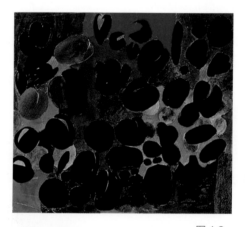

图 1.9

图 1.10

▲ 图 1.6　伊顿
▲ 图 1.7　《无题》（来源：伊顿）
▲ 图 1.8　《月色景观》（来源：伊顿）
▲ 图 1.9　《普卢门》（来源：伊顿）
▲ 图 1.10　《空间构成Ⅱ》（来源：伊顿）
▶ 图 1.11　纳吉

在包豪斯学院创立之初，主要以过去美术学院的绘画、雕塑等内容为中心。第二次世界大战使学生整体素质下降，他们大多没有经历过造型活动所必需的基础训练，无法驾驭大学教育的教学内容。1919年夏入职包豪斯学院的伊顿发现了这种状态，向格罗皮乌斯申述了基础造型教育的必要性，强调进车间进行教学活动之前，必须进行一系列的基础训练，将学生的水平提高到一定程度。此建议一经上报，便得到了学院领导的批准。同年秋，包豪斯学院设立了"基础教学"预备课程。

伊顿认为，关于基础教学有以下3个课题：

第一，解放学生的创造力和艺术才能。使学生从陈规陋习中解脱出来，让他们根据自己的体验和认识创作作品。

第二，使学生容易择业。通过多种材料和技术的联系，使每一位学生都能找到最适合自己的造型领域。

第三，创造有关形态和色彩造型的基本法则。应先培养学生的想象力和创造力，培养能够创造出崭新造型的真正意义上的创新型人才，之后再开始教授实践的技术和方法。

伊顿在实践中进行的造型教育以普遍的对立理论为基础。材料和肌理的研究、形态和色彩的研究、节奏与表现的形态等，全面依据对比的观点加以论述和进行训练。发现形形色色的对比（如大小、长短、高低、多少、曲直、厚薄、平面与体量、光滑与粗糙、坚硬与柔软、动与静、轻与重、强与弱等）之可能性，成为授课的一个基本内容。材料的研究成了预备教育的中心，伊顿让同学们体验材料的视觉、触觉的效果和物理性质，并发挥自由驰骋的想象力，运用纸张、木材、玻璃、皮毛、石材、金属等材质进行构成研究，以唤起和调动学生的潜在造型能力。

2）纳吉的预备课程教学

纳吉（图1.11），是20世纪最杰出的前卫艺术家之一。他在学术上对表现、构成、未来、达达和抽象派兼收并蓄，以各种手段进行拍摄试验。其最为突出的研究是以光、空间和运动为对象。他曾以透明塑料和反光金属为实验材料，创作"光调节器"雕塑。其代表作如图1.12—图1.14所示。

图 1.11

图 1.12

图 1.13

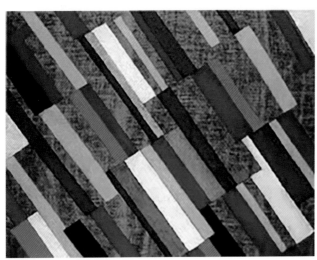

图 1.14

▲ 图 1.12　《工厂风景》（来源：纳吉）
▲ 图 1.13　《构成》（来源：纳吉）
◀ 图 1.14　《匈牙利的菲尔兹》（来源：纳吉）

　　纳吉教导学生学会观察与思考，把握线条、影调、空间等形式要素之间的关系。这种教学方法，促使学生仔细研究周围的物体，从中找出不被人注意的形式和设计。他鼓励学生利用投影的造型，使其成为安排画面的一个因素。他还建立了以均衡为重点的训练科目，用木材、铁皮、玻璃、铁丝和绳索组成复杂的形象，使学生领会空间和重量的平衡感。他提倡用建筑的立体造型进行基础训练，采用多种材料构成空间，尝试在视觉上把握整体。

　　1933 年，纳粹关闭了包豪斯学院，教师们被驱逐到其他国家。纳吉在英国短暂逗留后，于1937 年移居美国。纳吉把包豪斯的理论和教学观念带到了美国，并在芝加哥创办了一个"新包豪斯"，这就是后来的芝加哥设计学院。

3）约瑟夫・阿尔贝斯的造型基础教育

与伊顿和纳吉进校方式不同，阿尔贝斯是以技工的身份在包豪斯学院学习后留校任教的。从 1932 年开始，他就在玻璃画车间进行技术指导，后来成为非正式的预备课程的教师。

阿尔贝斯从事的是以材料为主的基础工艺教学，通过学习让学生理解材料的基本特性和构成原理。阿尔贝斯教授课程遵循两个原则：一是学生要以尽量少的工具完成工作；二是使用材料要尽可能地减少损失。

从伊顿、纳吉和阿尔贝斯的基础课教学中可以看出，不同的教师教学的侧重点有所差异。伊顿偏向普遍的对立理论，纳吉从构成、动静、均衡和空间的观点出发，设立了以均衡为重点的训练科目，阿尔贝斯则是进行材料和技术研究的工艺教学。正是包豪斯学院这种从多方面进行的基础课教学，使学生们的学习更加多元化，为全球设计教学奠定了基础。

1.3.3 包豪斯学院的世界影响

20 世纪 30 年代末，包豪斯学院的主要领导人和大批教师、学生因躲避欧洲战火和政治迫害移居美国，并把他们在欧洲进行的设计探索和欧洲设计思想带到了新大陆。第二次世界大战结束后，在美国强大的经济实力的依托下，包豪斯学院生根发芽。一些主要教员创立了"新包豪斯"，他们在美国各大高校任教，形成了新的设计风格——国际主义风格。

虽然包豪斯学院存在的时间不长，却对现代设计有着深远的影响。中国基础设计教学中的三大构成可追溯到包豪斯学院的基础课教学结构的平面和立体结构的研究、材料的研究和色彩的研究上。包豪斯学院对设计的功能化探索和现代主义设计面貌的教育，依然是现代设计的重要起源。

项目 1.4 中国现代设计的发展

了解完西方国家的现代设计发展轨迹后，我们还是将话题引回中国，看看现代主义在中国的发展。

1.4.1 "图案"与"意匠"

1902 年，洋务派代表人物张之洞在南京创立三江师范学堂（今南京大学，如图 1.15 所示）。该学堂有一门课叫"图案教育"，这就是中国早期的设计教育。

对图案这一说法，有广义和狭义的定义。广义是指关于工艺美术、建筑装饰、形式、色彩计划等预案规划的通称；狭义是指平面纹样符合审美规律的构成。总的来说，图案是中国对设计的一种指代。

"图案教育"课程的开设其实是对日本、德国等国家早期设计教育实践的一种移植，目的是希望将其应用于技术、经济与社会建设中。1916年，时任北京大学校长的蔡元培先生提出"美育救国"思想（图1.16）。在其影响下，梁启超等人1918年创办的北平美术学校，是中国第一所国立美术学院，全国各地针对艺术教育的学院逐渐增多，直到1937年所有艺术学院都设立了图案课。

在中国，设计除了被称为图案之外，还有其他称呼。由于设计是一项"在产品制作之前的综合性考虑"因此被称为"考察"。另外，中国设计先驱陈之佛提出"意匠"的概念，对此他的解释是：意——美的思考，匠——科学处理。

陈之佛认为，美的思考与科学处理相辅相成才能制造出优秀的东西，而"意匠"这个名词自古有之，出自魏晋文学家陆机的《文赋》："辞程才以效伎，意司契而为匠。"一般是指对诗词的构思过程。在陈之佛的概念中，意匠是作为一个动词来表示设计行为的，如"建筑的意匠"。

再到后来就出现了我们比较熟悉的"工艺美术"这一说法，工艺等于制作，美术等于美的规律。因为工艺美术在其含义中似乎更贴近实际生活，所以慢慢地在后期成为对设计的主要代名词，但其实在早期，图案、意匠、工艺美术几个名词通常是结合在一起来描述设计的。比如，图案代表设计图，意匠代表构思过程，而工艺美术则代表艺术设计。

图1.15

图1.16

1.4.2 重工业驱动

与其他发展现代设计的国家一样，中国对现代设计的认识也是从工业化开始的，而工业化发展首先聚焦在交通工具上。

近现代的中国有句俗话叫"要致富先修路"，但其实修路不但对经济重要，有时还关乎城市存亡的命脉。1913 年，湖南都督谭延闿组建湖南军路局，修建了一条从长沙到湘潭长约 53 千米的公路，这也是中国的第一条现代化公路（图 1.17）。

这条公路的落成拉开了中国快速修路的序幕，截至 1935 年，全国公路里程已达 94 951 千米，当时中国的汽车保有量达 8 万台，但大多是靠德国提供的，其中最大的供应商就是奔驰汽车（图 1.18）。

在"中国工业发展三年计划"的推动下，1937 年，"中国汽车制造公司"首先在湖南株洲兴建，其技术顾问由奔驰公司担任。除了汽车，杭州市也开始兴建飞机制造厂，计划第一年生产出 50 台以上单引擎轰炸机及 20 台以上多引擎轰炸机。

汽车跟飞机都在日程上，自然也带动了其他类别，如电器制造、机械制造、炼油与化工等，这期间中国也开始输送人才到国外学习，比如孟少农先生（曾于 1946 年任清华大学副校长）去了美国福特汽车公司，支德瑜先生去了英国曼彻斯特，袁正国先生去了法国等。这些留洋回来的人士在一定程度上促进了中国工业在设计上的发展。

图 1.17

◀ 图 1.15　南京创立三江师范学堂存照
◀ 图 1.16　1916 年蔡元培任北大校长，提出"美育救国"思想
▲ 图 1.17　1913 年湖南都督谭延闿主持修建了中国第一条现代化公路

图 1.18

图 1.19

图 1.20

1.4.3 欧洲设计运动的辐射

19 世纪末 20 世纪初，欧美国家在现代艺术设计思潮上风起云涌，如俄国构成主义运动等，这些运动的影响必然是通过人来传导的，而这些人就是曾目睹过运动成果的留洋人士。

例如，中国设计先驱庞薰琹1925年参观了巴黎主办的"装饰艺术展"（图1.19），他在回忆录里记载："这是我有生以来第一次认识到，原来美术不只是画几幅画。"1933年，他去德国参观了包豪斯建筑，而这一年恰好是包豪斯被纳粹政权关闭的同一年，参观时庞薰琹深受感动。另一位中国工业设计奠基人郑可也在同年深入考察了包豪斯学院，他曾在巴黎市立装饰美术学院学习，归国后在香港开设了美术服务社。

其实，留洋归来的大部分人士在回国后都有做过短暂自由设计师的尝试，但市场决定供需，社会对设计师这样的身份非常陌生且存疑，因此多数人的尝试都以失败告终，他们最后选择到学校任教，进行设计认识的普及。

▲ 图 1.18　1936 年，中国街头开始出现奔驰牌汽车
▲ 图 1.19　1925 年，法国巴黎主办的"装饰艺术展"
▲ 图 1.20　上海圣约翰大学建筑系创始人黄作燊

唯一有所区别的是建筑。有句话叫"建筑是设计之母"，纵观世界现代设计发展历程，基本上都是从建筑开始的。1932年，中国有两个著名的建筑期刊面世，分别是《建筑月刊》和《建设者》。建筑首先是中国现代化的需求，所以当时国家也资助了很多留学生到西方学习建筑，这两种期刊也可以说是留学归来者的成果之一。除此之外，留学生也引入大批国际建筑师来华，与本土建造师一同做设计。

当时，能独当一面的设计师为数不少。比如，从意大利留学归来的沈理源，归国后便在天津开设了华兴建筑工程公司。1920年，他在北京与人合作设计了真光电影院；同年又在杭州进行了胡雪岩故居的测绘工作；1922年和1923年分别设计了天津和杭州的浙江兴业银行；1926年运用新古典主义风格设计了中国银行的建筑，随后在北平大学任建筑系教授。

1.4.4 包豪斯的中国传人

包豪斯在现代设计中桃李满天下，但谈到华人的传承，大家普遍想到的是贝聿铭，其实还有一位人物，他在中国直接传播现代主义设计观念，不但师从格罗皮乌斯，还分别与密斯·凡·德·罗和勒·柯布西耶结交，他就是上海圣约翰大学建筑系创始人黄作燊（图1.20）。

黄作燊，1915年生于天津，家境优越，19岁时父亲将其送往英国留学。站在父亲的角度，他希望小儿子可以学习一门非纯艺术的学科，所以最后选择了具有前卫教育观念的英国AA建筑学院，开始修习建筑。

当时，恰好是德国包豪斯学院被纳粹政权关闭，为避免遭受迫害，教职员集体大逃亡。其创始人格罗皮乌斯（图1.21）离开德国后首先来到英国AA建筑学院，其人格魅力与理想主义气质被学生视为偶像。1937年，格罗皮乌斯受到美国哈佛研究生院的聘请组建建筑学院，黄作燊以优异的成绩被录取，成为格罗皮乌斯第一名中国籍学生。

黄作燊归国后于1942年创办了上海圣约翰大学建筑系（图1.22），开始不遗余力地在中国传播现代主义设计观念。他为圣约翰大学建筑系设计的课程以构成为核心，减少纯美术的课程，更重视训练学生对形态、材料、色彩、空间的表达能力。这一切都来自包豪斯三大教学体系的滋养，更加重视设计的功能性，让设计不停留在表面的构想中。他还专门开设了"建筑理论"课程系统讲解现代主义设计作品。例如，他在课堂上给学生讲解密斯·凡·德·罗设计的巴塞罗那国际博览会德国馆，引导学生欣赏其空间和"空间流动"的设计特征，还引出"Spacious"（宽敞）概念，指出自由流动游向深远，同时类比中国山水画的"气韵生动"，将课程讲述得生动传神。

图 1.21　　　　　　　　　　　　　　　　　　　　　　　　　　图 1.22

1952 年，圣约翰大学建筑系并入同济大学，直到现在，同济大学仍然是中国建筑人才输送的中坚力量。黄作燊作为直接传承包豪斯现代主义思想的学者，进入教育领域深深地影响了现代主义设计能量在中国的成长与释放，是中国现代设计发展中的重要人物。

1.4.5　三大构成的引进

1977 年恢复高考，地处改革开放和市场经济前沿的广州美术学院较早地接触到现代设计的内容，在教学中率先引进了以三大构成为代表的西方现代设计的内容，第一次从艺术设计的本质出发，对现代设计的内涵和方法进行了探索。从 1978 年起，尹定邦、辛华泉等人将日本和中国香港地区的设计教育体系引入中国内地，展开构成的实验教学，并在国内各大美术院校展开巡回教学，开创了中国现代设计教育的新局面。

广州美术学院引进的以三大构成为代表的设计教育体系，奠定了中国现代设计教育和工艺美术学科改造的基础，为现代设计教育体系的形成和发展做出重要贡献。

除了广州美术学院，中央工艺美术学院、无锡轻工学院等高等院校陆续将三大构成和现代设计的教育内容引入教学，由三大构成引发的教学改革和讨论成为 20 世纪下半叶中国设计教育中最为重要的内容。

三大构成是平面构成、立体构成、色彩构成的统称，这种起源于 20 世纪二三十年代德国包豪斯设计教育体系的课程，成为从抽象形态入手培养设计创造思维的有效手段，直到今天在中国设计基础教育中仍然发挥着重要作用。尽管随着社会发展和经济文化水平的提高，三大构成在内容和方法上面临着更新的问题，三大构成与设计混同的误区也亟待澄清，但它在中国现代设计教育初级阶段所起的作用是不容置疑的。

　　从三大构成开始，中国现代设计教育逐渐摆脱了以传统手工艺为主要内容的工艺美术教育的影响，并在这一基础上逐渐发展壮大。

◀ 图 1.21　包豪斯学院创始人格罗皮乌斯
◀ 图 1.22　上海圣约翰大学旧照

模块 2

平面构成技能

项目 2.1 平面构成的基础

现代设计的领域按照所呈现的形式可分为二维空间、三维世界以及带有时间因素的多维空间。平面构成作为设计形式的基础问题，在各种设计领域都得到了普遍应用，是研究设计构成的最基础部分。

什么是构成，简单地讲，就是各视觉要素之间的组织关系，并根据该要素的形态、尺寸、色彩、材料、明暗、肌理等因素进行视觉关系的协调和创造。

康定斯基在《论艺术的精神》一书中写道："形式是内容的外部表现。"形式也是在艺术创造中不断发展的，每位设计师和艺术家都在利用形式的基本关系，并力图创造自己新的形式。当某一形式成为设计师善于和准确表达其所需要传达的东西时，形式也就构成了风格。从某种意义上来讲，构成是解决形式问题的方法，形式是构成创造的结果。

平面构成作为一门研究形象在二维空间中的变化构成的科学，探求二维空间的视觉规律、形象的建立、骨格的组织、各种元素的构成规律。平面构成以点、线、面作为理性的视觉元素，去研究平面图形及其整体构成的方法和规律，从而建立起理性的设计思维和设计理念。同时应用这种思维和理念对图形、文字、色彩等形象视觉元素进行探索、研究、拓展，在理性与感性交融的过程中掌握视觉元素的构成图形、层次、空间等视觉关系的方法和规律，为最终应用构成理论进行各种设计奠定基础。

构成理论的学习是一个视觉思维的过程，是一个研究设计方法和设计规律的过程。

第一，追求数理逻辑在视觉上的形式美——平面构成理论不是以传统的图案教学和写生变化为基础的训练模式，而是以抽象的思维方式追求数理逻辑的形式美、秩序美的理性思考。

第二，强调理性图形自身的形式美——平面构成理论基于对视觉认知与数理秩序所产生的审美原理，表达的是一种严谨性、规律性和秩序性的美，因此，一向被认为是纯感性的、纯个性的视觉语言，通过平面构成注入理性的、规律性的分析，从而减少设计构思时的很多不确定性。

第三，注重理性与感性的研究——理性思维与感性设计的统一成为平面构成理论学习的重要环节，因此，平面构成在理性思维研究的同时也应结合感性视觉的分析，使理性思维能够与感性思维有机地联系在一起，以保证构成理论既起到对具体设计的理论指导又不至于成为平面设计的教条。

项目 2.2　平面构成的要素

在二维空间里，任何画面都是由若干元素构成的关联组织，为了方便研究平面构成体系，可以把元素细分为以下类型：

（1）概念元素

概念元素是指在对形象表现之前，存在于意念之中并能感知的形，如点、线、面。它们虽然无具体明确的界定划分，但属概念性地存在于意念之中的形态元素。

（2）视觉元素

视觉元素将概念元素直观于画面，通过具体形的状态、大小、色彩、肌理等所体现于视觉。

（3）关系元素

关系元素的安排、组合，是由视觉生理与视觉心理所支配的关系元素决定的。视觉认知，如骨格结构、方向位置、远近疏密等；视觉感知，如视觉空间、重心张力、注目价值等。

（4）实用元素

实用元素是指形的状态为表意符号时所涵盖的内容和意义，如民族化、政治化、形象化、符号化等。

我们把基本形状划分为几何形、有机形和偶发形 3 种。点、线、面作为基本元素，两者的关系是相互交叉的，认识基本形和点、线、面为后续研究点、线、面的形态和构成形式提供了帮助。

平面构成章节主要是对二维平面的画面构成元素、基本形的组成方式、构成规律和法则进行研究。

2.2.1　点

点在我们生活中是无处不在、非常常见的，例如，仰视夜空看到的点点繁星，在高楼下俯视路面的人和车（图 2.1）。再比如，地图上的城市、沙粒、标点符号等。在几何学的定义里，点是只有位置而没有大小的，点是线的开端和终结，是两线的交叉处；在平面构成里，点只是相对概念，它只是在对比中存在。

一切形态的
开始

点作为构成元素，视觉对点的形态通常具有这些特征，面积小的、弱的、处于交叉位置或者两端尽头、分散等特点。

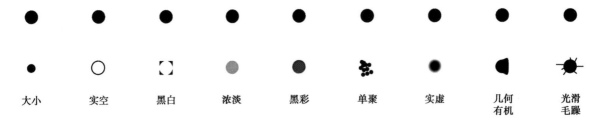

| 大小 | 实空 | 黑白 | 浓淡 | 黑彩 | 单聚 | 实虚 | 几何
有机 | 光滑
毛躁 |

图 2.1

1）点的视觉特性

单一的点具有集中凝固视线的效用，容易形成视觉中心。多点能营造生动感，大小各异就更加突出了。连续的点会产生节奏、韵律，点的大小不一的排列也容易形成空间感（图 2.2）。

图 2.2

2）点的构成特征（多少、排列、形状、大小、位置）

（1）点对视觉的定位性

由于点具有较小的体积特征，造成点对图形和形态在视觉感受上的集中和凝固，因而点具有视觉定位的视觉特性。点的形态在视觉上具有收缩性，特别是几何中的圆点可以把视觉向点的中心集中，这是由于圆形的点具有把边沿引向中心的向心力。而点的形态能够从较大的形态中分离出来，对视觉产生较强的吸引力，引起视觉更大的关注，可以相对稳定人的视线，让视觉在点的形态上相对停留，对视觉产生特殊的定位效果。对不规则的点，由于面积较小，边缘部分在视觉上容易模糊，也很容易趋向于圆形，同样会造成圆形点的视觉定位性。我们在平面设计中，运用点的高度抽象和简练的属性，以及向心力特征，可以在构成的平面上对表现的重点作视觉和视点上的定位性设计（图2.3）。

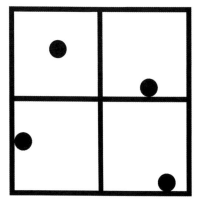

图2.3

（2）点对平面效果的点缀性

点作为理性认知元素，相对于设计平面可虚可实，可放置在平面中的不同层次、不同位置、不同明暗和色彩去影响画面的构成。由于点的形态既具有灵活性又具有多样性，因此，点可以极大地丰富平面设计的视觉效果。

"万绿丛中一点红"中的点，从面积对比和色彩对比上活跃了大自然的勃勃生机。"万绿"和这个"一点红"是对众多自然物在量上的抽象。从理性认知思维上看，这个点是一个抽象的形态；从客观形象上看，这个点却是实实在在的具体的"花"的形象。"点缀"是点与面、局部与整体的对比构成关系，"点缀"加入平面中的点可以是单点、多点和密集的点，再经过大小、色彩、排列的变化，不同数量和变化的点将"点缀"出各种视觉效果的面，形成"以点带面"丰富的视觉构成效果。

（3）点的虚线与点的虚面

点的移动和组合可在视觉上产生强烈的动势和韵律，并具有虚线和虚面的特殊视觉效果。这种虚线和虚面与实线和实面相比显得更加柔和、抒情。当构成的效果不需要实线和实面时，为了减弱线和面的对比强度，可运用点的虚线性和点的虚面性，在保持原形态线和面的同时，对线和面进行虚化处理，使线和面处于若隐若现的富于表现力的视觉效果（图2.4—图2.7）。

◄ 图2.1　点的不同形态
◄ 图2.2　多点造型
▲ 图2.3　点的位置

图 2.4

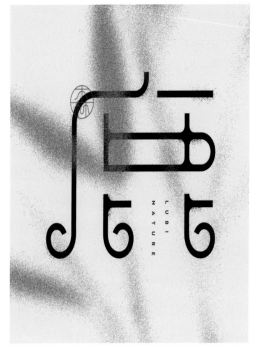

图 2.5

图 2.6

图 2.7

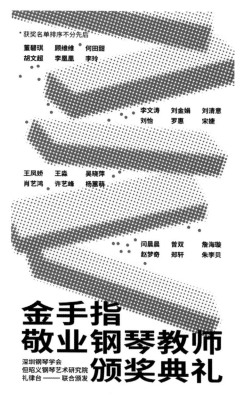

图 2.8

3）点的构成方法

点的构成方法包括等间隔、规律间隔、不规律间隔、点的线化、点的面化（图2.8—图2.10）。

图 2.9

图 2.10

图 2.11

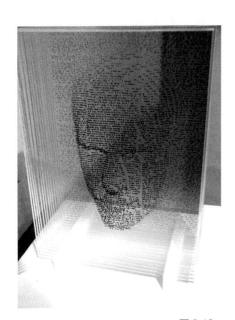

图 2.12

4）点的构成意义

点是一切物体在视觉上所呈现的最小状态。任何相对面积最小的形态，不论其形状如何都具有点的特征和属性。地球对于宇宙、轮船对于海洋、商标对于包装都是点特征和属性的体现。因此，点在构成中作为理性认知元素可以是任何具有点的视觉特征和视觉属性的物体和形态。

康定斯基在《论艺术的精神》一书中指出："点是最高度简洁的形态，点的积极作用经常出现在自然世界里……其自然形态实际上都是微小的物体，这对抽象的（几何学的）点的关系与绘画上的点的情况是相同的。反之，当然可以把整个世界视为一个完整的宇宙构成，这个构成……终究是由无数点组成的。但此时的点是还原到根本状态的几何学点。它仍然不失其各种各样的并且是有规律的形状的、浮游于几何学存在的点的集团。"

由于点的高度抽象和简洁，点在设计构成中应用广泛，其表现形式丰富多样，境界极为深远（图 2.11—图 2.14）。

▲ 图 2.11　点的高度抽象（来源：Daniel Eatock）
▲ 图 2.12　点的高度抽象（来源：Marcin Turecki）
▶ 图 2.13　点的高度抽象（来源：Andrew Myers）
▶ 图 2.14　点的高度抽象（来源：Celia Sawyer）
▶ 图 2.15　线的种类（来源：秦婷）

图 2.13

图 2.14

2.2.2 线

线的认知包括线的概念和种类、线的视觉特性、线的构成方法、线的表情特征、直线的构成、曲线的构成、线的构成意义（图 2.15）。

让我们一起感受线的气质

1）线的概念和种类

在几何学里，线只具有位置和长度而不具有宽度和厚度，它是点移动的轨迹。从平面构成的角度讲，线既有长度也有宽度和厚度。

通常把线分为直线和曲线。直线可分为垂直线、水平线和斜线，这 3 种变化是直线最简单的形式。曲线可分为几何曲线和自由曲线（图 2.16）。

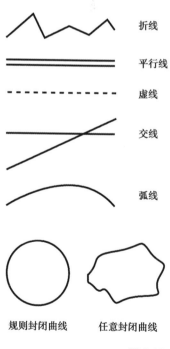

直线

折线

平行线

虚线

交线

弧线

规则封闭曲线　任意封闭曲线

图 2.15

图2.16

2）线的视觉特性

线能起到引导视线的作用，在平面设计中应用广泛。画面的工整感、速度感是由线型实现的，优雅的线型多为曲线（图2.17）。

垂直线刚直、有升降感，水平线静止、安定，斜线飞跃、积极，曲线优雅、动感，曲折线不安定，粗线稳重踏实、有前进感，细线锐利、有柔弱感。

3）线的构成方法

几何线型工整、古板、冷淡；自由线型自由、个性分明（图2.18）。

图2.17

图2.18

▲ 图2.16　直线和曲线（来源：Jun Kamei）
▲ 图2.17　线的引导作用（来源：Hiromura Design Office）
▲ 图2.18　个性鲜明的自由线（来源：The Berlin Calligraphy Collection: Helga Ladurner）
▶ 图2.19　垂直线（来源：Eden Some）
▶ 图2.20　水平线（来源：smooth_isfast）
▶ 图2.21　斜线（来源：Matt Niebuhr）

4）线的表情特征

①直线可分为垂直线、水平线和斜线3种不同的形态（图2.19—图2.21）。垂直线具有简洁、上升、明确、坚毅、阳刚气、锐利、庄重的情感特征；水平线具有稳定、扩张、延伸、宁静、广阔、深远的情感特征；斜线具有动感、活跃、不安定的情感特征。

②折线具有律动、坚硬、力度的情感特征（图2.22）。

③曲线是直线运动方向改变所形成的轨迹，它的动感和力度比单纯的直线要强，表现力和情感也更丰富，与直线在视觉上形成鲜明的对比。圆弧线规整、丰满、精密；自由曲线流畅、柔和、抒情。在平面构成和设计的实际应用中，由于曲线具有更丰富的视觉属性，因此曲线具有更高的运用价值。它可以用来构成随意的、更具情感的曲线个体和形态组合，也可以构成边缘丰富变化的面的形态。

曲线和直线的对比构成可以相互衬托各自形态的性格特征，在视觉上形成曲与直的强烈对比效果（图2.23）。

图 2.20

图 2.19   图 2.21

图 2.22   图 2.23

5）直线的构成

直线的3种基本形式：水平线、垂直线和斜线。线的排列和组合可以创造出丰富的形态结构。

第一，通过一个中心的组合可以形成放射线（图2.24）。

第二，以线条的一点为中心做离心的自由变化，会出现较为松散的画面关系。

第三，有序的线通过渐变和方向的改变，可以同时出现多个面的效果，产生细腻的层次空间感，形成三次元立体空间构成。

第四，空间的交叉直线还可以形成曲线面的图形，直线的这种使用方法可以构成各种各样的、有序的、立体的平面图形。

6）曲线的构成

第一，圆形线是几何曲线中最基本的形。

第二，旋涡线是圆形线在形成条件下偏移形成的。

第三，蛇形线由方向不同的曲线连接而成，能使人的注意力随着它的连续变化而变化（图 2.25）。

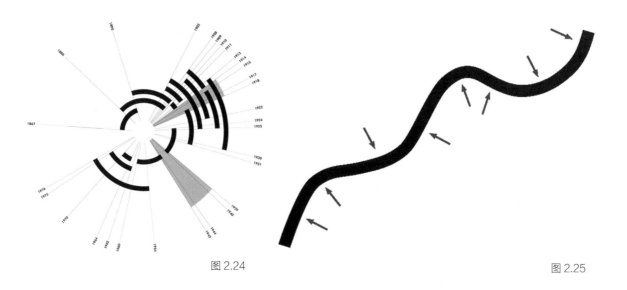

图 2.24   图 2.25

第四，波纹线是特殊的曲线，是由直线和曲线结合而成的复合线条（图 2.26）。

7）线的构成意义

无论图形和形态是具象还是抽象，是单体还是组合，都具有线的视觉特征和视觉属性，并可以作为视觉元素在平面构成中进行丰富多变的视觉构成。康定斯基在研究线的特征时指出："在几何学中，线是点运动的轨迹，线产生于运动。"

线既具有理性认知的单纯性，又具有具象而丰富的多样性，线有曲直、粗细、浓淡、流畅和疏密之分，也有理性、抒情、平稳、上升等情感体现，从线型到情感抽象都蕴含着丰富的视觉属性。线的两端、两边的造型决定了线的不同质量和不同形态，线的这些视觉特征和视觉属性使其在造型中富于表现力。东方审美情绪中对线的理解和运用出神入化、独树一帜，而中国绘画和书法就是最有力的证明。传统中国画的线描十八法就是从线的多样性和系统性上论述了线的不同种类、不同表现和不同视觉特征。

在视觉艺术领域里，无论是绘画还是设计，线都是最简洁有效的造型语言。写生轮廓的绘制、设计构思的最初体现、创作意图的表达、体面的分割都离不开线的运用和线的造型功能。线具有很强的表形功能和表意功能（图 2.27）。

◀ 图 2.22　折线（来源：Jannie M. Thorpe）
◀ 图 2.23　曲线和直线的对比构成（来源：Michael Neil Jacobsen）
▲ 图 2.24　放射线（来源：Miguel Coelho）
▲ 图 2.25　蛇形线（来源：秦婷）

图 2.26

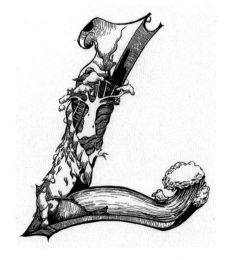
图 2.27

2.2.3 面

在几何学中，面的含义是线移动的轨迹。面可以给点和线一个容纳的空间，单点、单线永远形成不了面。

一"面"之约

1）面的分类

面可分为积极的面、消极的面和正负形的面。

①积极的面：点、线移动、放大产生的面（图 2.28）。

②消极的面：点、线密集环绕产生的面。

③正负形的面：正负形有时也被称为图底关系、反转现象或视觉双关原理（图 2.29）。

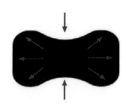
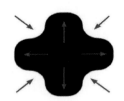

图 2.28

▲ 图 2.26 波纹线（来源：Nester Formentera）
▲ 图 2.27 线的造型（来源：吴懿）
▲ 图 2.28 点、线移动、放大产生的面（来源：秦婷）
▶ 图 2.29 正负形的面（来源：秦婷）
▶ 图 2.30 面的量感（来源：青山设计）
▶ 图 2.31 面的量感在海报中的应用（来源：Johannes Schnatmann）

简单地讲，正负形的面就是图与底的关系。其所表现出来的形象一般称为图，而想要表现的形象周围的空间称为底（背景），即为正形。正形表现出积极、突出的感觉。如果突出底的外形，这时的形象即为底，而周围的空间称为图。这时的形象即为负形，负形表现出消极、后退的感觉。正负形可以交替反转，主要依赖于对图形的具体表现与欣赏心理习惯，这种视觉转换所带来的动感和意趣使作品更具艺术魅力。

图 2.29

生动的印刷图像一定是图底分明的，这样才有层次感。当然也有矛盾图形，比如太极图，分辨不出图与底。一般来讲，都要求图底分明，也可利用图底不分明做出有个性的图像。

2）面的构成

（1）面的量感构成

面以其相对于点、线有较大的视觉特征，在平面构成中起到占有和分割空间的构成作用，因此面的形态具有统领视觉的重要作用，影响着整个设计平面的视觉效果。

图 2.30

面的量感是通过面积大小、黑白对比、虚实对比、空间层次等关系构成的。面积较大、黑白对比突出的面将在量的关系上获得视觉上的量感优势；实面相对于虚面、表层的面相对于深层的面具有较强的量感优势（图 2.30、图 2.31）。

（2）面的质感构成

在自然界里，肌理是指物体表面的材质纹理感。肌理在平面的视觉形式上体现为面形态的一种平滑感与粗糙感。无肌理的面是理性的面，有肌理的面则是感性的面（图 2.32、图 2.33）。

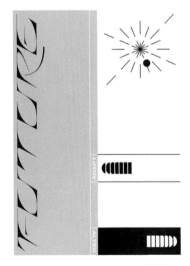

图 2.31

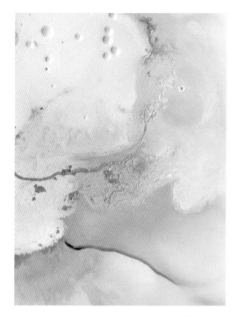

图 2.32

图 2.33

图 2.34

（3）面的体感构成

在二维空间中，立体感的构成是利用人的错视来进行的，二维空间的立体感是一种虚拟空间和错视效果（如视觉透视原理）。面的立体塑造可强化二维平面的视觉效果。在平面构成中，有透视感的斜面和有明暗关系的块面是表现体感最有效的形态。有体感的形态加上明暗对比能给视觉造成很强的空间感，从而制造出视觉的体量感、层次感和视觉冲击力（图 2.34）。

▲ 图 2.32　面的质感构成（来源：Marta Spendowska）
▲ 图 2.33　面的质感构成（来源：Christine Olmstead LLC）
▲ 图 2.34　面的体感（来源：刘方伟）
▶ 图 2.35　分离（来源：秦婷）
▶ 图 2.36　分离在设计中的运用（来源：刘方伟）

（4）面的构成意义

在平面设计中，面具有两个方面的含义，即作为容纳其他造型元素的底和作为表现视觉元素的图。容纳其他造型元素的底是指进行各种平面设计的基础平面。表现视觉元素的图是指进行造型形态的各种平面化元素。由于面所具有的这种特殊的视觉上的双重性，面的构成也就有了视觉平面构成和视觉元素构成两个方面的含义。在平面构成中，面的形态所体现的形式美在构成的组合和构成的结构中得以体现。

面的形态包含点、线的密集与移动构成的面因素，点、线、面的密集与移动构成了体，这是最基本的造型原理。作为造型元素，面是最大的形态，它的大小、位置、形状、虚实、层次在整个构成的视觉效果中举足轻重，是决定平面设计成功与否的重要元素。

面比点、线更具图形性和形态的象征性，更具对其他图形和元素的包容性和整合性。一个正方形所显示的除了基本的方形特征外，这个图形还可能是一本书、一个建筑、一节车厢，也可能是书中的某个名称或是建筑和车厢中的某个局部等。总之，我们对点、线、面的理解和认识始终应理性和感性双向地思考，以保证构成和应用能适时地结合在一起。

项目 2.3　形与形的组成方式

点、线、面这些元素作为独立的形态，在实际的构成和设计中，独立存在的可能性很小，即使是一个对象，也存在和周围空间的关系。研究各种类型，以及不同形态的形与形的组成关系，是我们接近设计和研究构成关系所必须掌握的。

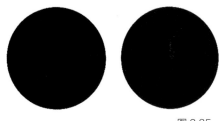

图 2.35

2.3.1　分离

形与形之间不接触，有一定的距离，在平面空间中呈现各自的形态，这里的空间和面形成了相互制约的关系（图 2.35、图 2.36）。

"他"和"她"
的若即若离

图 2.36

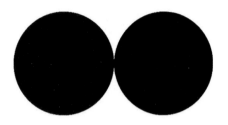

图 2.37

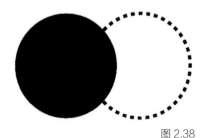

图 2.38

2.3.2　接触

接触是指面与面的轮廓线相切，并由此而形成新的形状，使平面空间中的形象变得丰富而复杂（图 2.37）。

2.3.3　覆盖

形与形之间是覆盖关系，由此产生上下、前后、左右的空间关系。覆盖是表现深层次关系的一种重要方法（图 2.38、图 2.39）。

2.3.4　透叠

覆盖、透叠

透叠是形与形之间透明性的相互交叠，但不产生上下、前后的空间关系（图 2.40、图 2.41）。

透叠与覆盖不同，主要体现在以下两个方面：

第一，不产生掩盖另一形的轮廓。

第二，不存在前后层次关系。

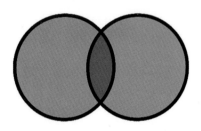

家庭财富妥善规划

为投资者提供信托架构下的财富定向分配财产保护风险隔离等独特功能

图 2.39

图 2.41

图 2.40

2.3.5　联合

联合形与形之间相互结合成为较大的新形状。联合的形象须在同一空间平面内，其色彩和肌理须一致或缓慢变化，产生合二为一的整体感觉（图 2.42）。

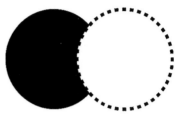

图 2.42

联合、减缺

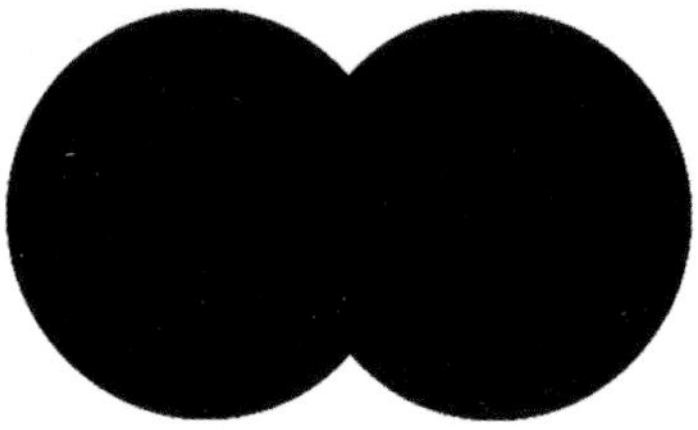

2.3.6　减缺

减缺是形在被另一形覆叠时，一形减去另一形，产生新的形（图 2.43）。

2.3.7　差叠

差叠是形与形之间相互交叠，产生新的形（图 2.44）。

图 2.43

2.3.8　重合

重合是形与形之间相互重合，融为一体（图 2.45）。

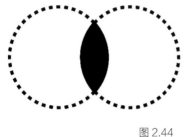

图 2.44

图 2.45

◀ 图 2.37　接触（来源：秦婷）
◀ 图 2.38　覆盖（来源：秦婷）
◀ 图 2.39　覆盖在图形设计中的应用（来源：瞿敬松）
◀ 图 2.40　透叠（来源：秦婷）
◀ 图 2.41　透叠在海报设计中的应用（来源：湖南红网湘潭站）
▲ 图 2.42　联合（来源：秦婷）
▲ 图 2.43　减缺（来源：秦婷）
▲ 图 2.44　差叠（来源：秦婷）
▲ 图 2.45　重合（来源：秦婷）

项目 2.4 基本形与骨格

2.4.1 基本形

基本形的构成可分为同形分解群化构成和同形自由分解构成。

1）同形分解群化构成

同形分解群化构成是指以一个简单的基本形为单位（如方、圆、矩形等），将其分解为次基本形，然后按照构成的形式重新组合做空间与形态的再造。

2）同形自由分解构成

同形自由分解构成是指将方形、圆形、矩形等单纯几何形态的原始母体做任意形态的自由分解后构成丰富多样的形式。

形与形的组合构成，其构成形式要符合形式美感规律。形的重组要注意画面均衡及形与形的疏密关系，重新组织的图像应工整、美观。

2.4.2 骨格

1）骨格的概念和作用

骨格不同于骨骼，又与骨骼有关。骨格中的"骨"字有骨架和支架的含义，也有支撑和框架的含义，而"格"则是方形框子的意思。因此，骨格就是格子形框架的意思，是图形元素构成的基本秩序与规律法则。

从平面构成的角度讲，骨格是结构形成二维的规律。骨格包括骨格框架、骨格点、骨格线和骨格单位（图 2.46、图 2.47）。在平面构成中，二维骨格包括重复骨格、近似骨格、特异骨格、渐变骨格、发射骨格、分割骨格、密集骨格和对比骨格等。

从立体构成的角度讲，骨格作为立体构成的关系要素同样发挥作用，以其"格子形框架"的含义来结构三维，成为结构三维的规律。三维骨格包括骨格框架、骨格点、骨格线和骨格单位（图 2.48、图 2.49）。

骨格的作用是将形象在空间或骨格里作各种不同的编排，将形象有秩序地排列，构成不同的形状与气氛。骨格的宽窄变动，影响骨格所组成的每个单位之间的变动。骨格不但可以起到编排形象的作用，还可以给形象以空间宽窄的功能，通过不同的编排形成不同的形状和气氛。

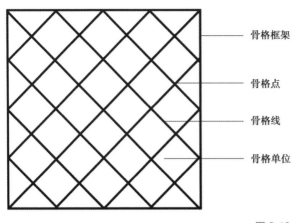

骨格框架

骨格点

骨格线

骨格单位

图 2.46

图 2.47

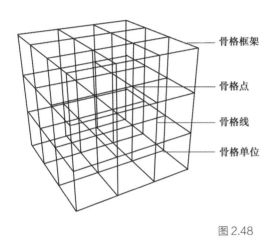

骨格框架

骨格点

骨格线

骨格单位

图 2.48

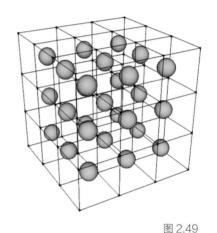

图 2.49

2）骨格种类

（1）规律性骨格

规律性骨格有精确严谨的骨格线，有规律的数字关系，基本形按照骨格排列，有强烈的秩序感，如重复骨格、渐变骨格、发射骨格等。

（2）非规律性骨格

非规律性骨格一般没有严谨的骨格线，构成方式比较自由，如密集骨格、对比骨格、特异骨格等。

▲ 图 2.46　骨格图（来源：秦婷）
▲ 图 2.47　黑线表示骨格结构，蓝色的圆点表示应用在骨格中的形态（来源：秦婷）
▲ 图 2.48　骨格图（来源：吴懿）
▲ 图 2.49　黑线表示骨格结构，橙色的球体表示应用在骨格中的形态（来源：吴懿）

除以上两种分类外，根据分类方法的不同，骨格还可分为作用性骨格、非作用性骨格和重复性骨格等。

项目 2.5 平面构成法则 1：形与形的骨格关系

2.5.1 重复

傻傻分不清楚的"它"

1）重复的概念

重复是指在同一设计中，相同的形象出现过两次以上。重复是设计中比较常用的手法，以加强人的印象，造成有规律的节奏感，使画面统一。所谓相同，在重复的构成中主要是指形状、颜色、大小等方面的相同。

重复的反复性很强，有着加强视觉冲击力的作用，会将原本不起眼的基本图形变得更加引人注目。在设计中采用重复的形式无疑会加深印象，使主题得以强化，也是最富有秩序感和统一感的手法。

歌德说："重复就是力量。"例如，电视广告的重复播放、招贴画的重复张贴、歌词的重复再现、人的心跳和呼吸等，都能产生强烈的感染力。

重复是形成画面秩序感最简便的方法之一。无论是简单的重复还是复杂的重复，都将形成画面的节奏运动，给画面带来活力。

狄慈根说："重复是学习之母。"在平面构成的形式中重复亦为母，是非常重要的。因此，我们在平面构成中根据设计需要巧妙地利用重复是非常有利的方法。

2）重复构成的形式

（1）基本形的重复

设计中不断使用同一基本形，在构成设计中使用同一个基本形构成的图面称为基本形的重复，这种重复在日常生活中随处可见。例如，高楼中的一扇扇窗户（图 2.50、图 2.51）。

（2）骨格的重复

在每个空间单位中完全相同的骨格是重复骨格，可分为单一式和复合式（图 2.52、图 2.53）。

单一式重复骨格是规律极强的、相同的一种形式的骨格；复合式重复骨格是规律极强的、相同的多种形式穿插形成的骨格。

（3）重复骨格与基本形的关系

重复基本形纳入重复骨格内，如果按无作用性骨格处理，那么重复基本形需要放在重复骨格的十字交叉点上，可由基本形的大小、方向来增加变化，或调节尺度来构成基本形的连接与叠合，以产生较丰富的视觉效果；如果按有作用性骨格处理，那么重复的基本形可纳入重复骨格内，同时可在骨格单位内进行方向感位置变化，用以丰富画面（图2.54）。

图2.50

图2.51

图2.52

图2.53

图2.54

▲ 图2.50　窗户的重复（来源：吴懿）
▲ 图2.51　窗户的重复（来源：吴懿）
▲ 图2.52　单一式的重复（来源：吴懿）
▲ 图2.53　复合式的重复（来源：吴懿）
▲ 图2.54　重复骨格（来源：陈锐）

（4）重复构成的基本类型

①绝对重复：在重复骨格中用同种方法排列重复基本形的构成方式称为绝对重复。绝对重复具有严谨、统一的观感，但容易产生平淡、呆板的效果。

②相对重复：在整体重复的前提下，部分要素产生规律性变化的构成方式称为相对重复。相对重复的一种类型是基本形不变，骨格产生间距、方向变化或叠合；另一种类型是重复骨格不变，基本形发生变化。相对重复的构成方式让人感受到严谨中又有变化的复杂效果（图 2.55）。

③不规则重复：采用重复基本形但无骨格约束，凭感觉自由放置基本形的构成方式称为不规则重复。不规则重复具有灵活多变的观感（图 2.56）。

2.5.2 近似

1）近似的概念

近似是指在形状、大小、色彩、肌理等方面有着共同特征，它表现了在统一中呈现生动变化的效果。

在自然界中，两个完全一样的形状是不可能的，但近似的形状却很多，例如，同种植物的叶子、溪中的鹅卵石、风吹过的沙丘、同一朵花的花瓣形状、蓝天中的白云、海洋里的波涛、梯田的分割等，在形状上都很近似（图 2.57）。

近似的程度可大可小，若近似的程度大，就会产生重复感；若近似的程度小，则会破坏统一感，失去近似的意义。在使用近似时，要注意近似的程度是否适当。近似应先考虑形态因素，再考虑大小、色彩肌理等方面的因素。

2）基本形的近似

彼此类同的一系列基本形可从以下方法中获得。

（1）联想

从品种、意义、功能、同谱、同族、同类等方面取其相似又不同的某种因素（图 2.58）。

（2）削切

让某种完整形象变得不完美，使其残缺或崩碎（图 2.59、图 2.60）。

（3）联合

由两个或多个形象组合后，在方向、位置方面进行变化，可造成近似形象。若使其在形状、大小上有变化，所造成的基本形尤为丰富（图 2.61）。

图 2.55

▲ 图 2.56

图 2.57

图 2.58

图 2.59

图 2.60

▲ 图 2.55 相对重复（来源：陈锐）

▲ 图 2.56 不规则重复（来源：Marimekko）

▲ 图 2.57 近似在自然景观中的体现（来源：daily mail）

▲ 图 2.58 同类的近似构成（来源：Nadia Hassan）

▲ 图 2.59 削切的近似构成（来源：光橘堂）

▲ 图 2.60 联合的近似构成（来源：光故宫博物院）

图 2.61

（4）填色变动

以重复方格为基础对每个方格作相同的分割，允许方向的变动即创造理想模式，便可得到一系列近似基本形（图2.61）。

3）近似基本形与骨格的关系

近似形象取得后，它的排列形式全凭视觉需求而定，它不像重复和多元重复的骨格那样有严格的规律，它是属于不规则或非规律性的骨格配置（图2.62）。

4）近似骨格

骨格单位在形状、大小上不是重复而是近似，称为近似骨格。这是一种半规律性的骨格，这类骨格由于规律不严谨，给基本形容纳造成困难，容易造成秩序紊乱，故使用价值不大。一般来说，它是在有作用性规律下纳入较单纯的近似基本形或以骨格自身变化的构图，也可以收到较好的效果（图2.63）。

图 2.62

图 2.63

2.5.3　对比

巴拉巴拉
小魔仙

1）对比的概念

对比是形象与形象之间、形象本身各部分之间表现出的显著差异。

对比为应用异质要素，造成强烈的紧张感，引起人们的注意。对比使画面产生变化、增加造型的生动性和趣味性，是画面组织中的重要方法。

对比有程度之分，轻微的对比趋向调和，强烈的对比形成视觉的张力，给人一种鲜明、强烈、清晰之感。对比可以引向不定感、动感和刺激感。对比存在于造型要素的各个方面，在一幅构成设计中，太多则杂乱，须保持一定的均衡。对比构成不凭借任何形式的骨格，而是靠视觉来呈现。对比的运用可以加强二维设计中的互称效果，可以让彼此更能被人感知。对比的应用，让大的更大，小的更小；让圆的更圆，方的更方；让粗的更粗，细的更细；让黑的更黑，白的更白。

同时对比也意味着差异中的相互转化。在对比的两极间，各种等级序列中蕴藏着无数对比之美。

2）对比的形式

（1）形状对比

形状对比是使用完全不同的形状进行的对比。由于形状种类繁多，设计缺乏统一感，所以形状的对比，应建立在形象相互关联的基础上。这种关联可以是要素的任何一个方面，如色彩、方向、肌理、线型等的一致性与相互联系，也可以是内容、功能、结构某一方面的一致性和相互联系（图 2.64）。

图 2.64

> ◀ 图 2.61　填色变动的近似构成（来源：HWarlow）
> ◀ 图 2.62　近似基本形与骨格的关系（来源：陈锐）
> ◀ 图 2.63　近似骨格（来源：Marimekko）
> ▲ 图 2.64　形状对比（来源：吴懿）

（2）大小对比

形状、大小相差悬殊，则对比；大小相近或一样时，则产生联系，有统一感。在组织对比时，大小两方应选择一方为主，在对比形成的同时，也能保持统一感。大小对比是指在画面的面积大小不同、线的长短不同时所形成的对比（图2.65）。

（3）位置对比

位置对比是指画面中形状的位置（如上下、左右、高低等）不同所产生的对比（图2.66、图2.67）。

图 2.65

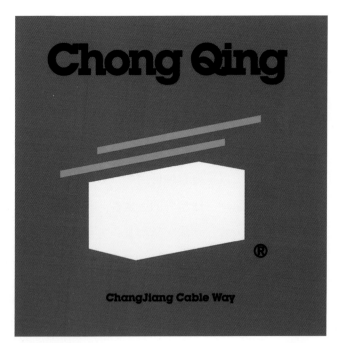

图 2.66

▲ 图 2.65　大小对比（来源：青山设计）
▲ 图 2.66　位置对比（来源：青山设计）
▶ 图 2.67　位置对比（来源：青山设计）
▶ 图 2.68　粗细对比（来源：Saatchi Art）
▶ 图 2.69　方向对比（来源：青山设计）

（4）粗细对比

粗细对比是指线条的粗与细、肌理的粗糙与精细所产生的对比。粗细对比除了常用的线条粗细之外，还可利用画面肌理的粗糙与精细来表现。在应用过程中，需要注意线条的粗与细的构成形式、比例、数量等（图2.68）。

（5）方向对比

注意方向变动不宜过多，避免产生凌乱感，要有主导方向或会聚中心。以一个方向为主，选择性地对比（图2.69）。

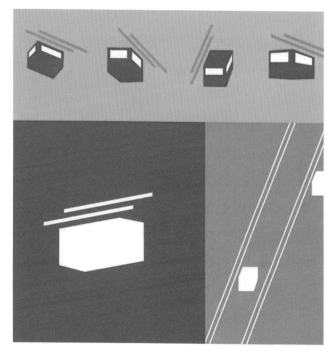

图 2.67

图 2.68

图 2.69

（6）色彩对比

色彩对比泛指黑、白、灰3种色调的对比。恰当地采用黑、白、灰对比，能使画面产生丰富的变化。由于平面构成中常采用绘图笔或钢笔来完成，因此灰色的处理具有一定的难度，可用一些点、线、面的肌理来营造（图2.70）。

（7）肌理对比

肌理对比是指不同的肌理感（如粗细、光滑、纹理的凹凸感）所产生的对比。

（8）重心对比

重心对比是指重心的稳定、不稳定、轻重感不同所产生的对比（图2.71）。

（9）空间对比

空间对比是指平面中的正负、图底、远近及前后感所产生的对比。

（10）虚实对比

虚实对比是指使构成有虚有实，从而起到突出对比的目的。画面中主体图形称为实，背景图形称为虚。

图2.70

图2.71

2.5.4 渐变

1）渐变的概念

渐变是指基本形或骨格逐渐地、有规律地循序变动，它会产生节奏、韵律、空间、层次感。在人的视域内，马路由大变小、树木由高变矮、山峦由深变浅以及生命的历程等，这些都属于有序的渐变现象。渐变使矛盾缓和地发生变化，而不是像对比一样直接产生，不是强烈的，它需要一个逐渐变化的过程，并把这个过程也呈现在画面上。因此，渐变构成富于节奏和韵律的变化，以自然进阶取胜。

2）渐变构成的形式

渐变是多样的，形象的大小、疏密、粗细、距离、方向、位置、层次，色彩的明暗、色调，声音的强弱等都可达到渐变的效果。通常情况下，在纸上用二维的构成方式来表达声音的强弱是有一定难度的，我们也很少应用。

（1）基本形的渐变

①形象渐变：两个不同的形象均可从一个形自然地渐变为另一个形。关键是中间过渡阶段要消除个性，取得共性。圆可以逐渐变方，方也可以逐渐变成三角形；琴键变为飞鸟（图2.72、图2.73）。

②大小渐变：基本形逐渐由大变小或由小变大，可营造空间移动的深远感，产生透视的视觉效果（图2.74）。

③方向渐变：基本形的方向逐渐有规律地变动，造成平面空间中的旋转感。就像电风扇的扇叶一样，方向逐渐发生变化，给人以旋转的感觉。如果有一个相同的旋转中心，也会产生发射的效果（图2.75）。

④虚实渐变：用黑白正负变换的手法，将一个形的虚形渐变为另一个形的实形（图2.76）。

⑤位置渐变：将基本形在画面中或骨格单位内的位置有序地移动变化，使画面产生起伏波动的效果（图2.77）。

◀ 图2.70　粗细对比（来源：吴懿）
◀ 图2.71　色彩对比（来源：青山设计）

图 2.72

图 2.73

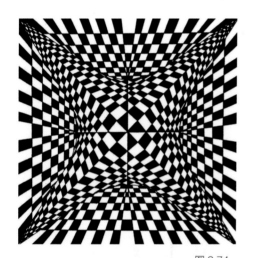

图 2.74

图 2.75

▲ 图 2.72　重心对比（来源：王丹）

▲ 图 2.73　形象渐变（来源：陈如意）

▲ 图 2.74　大小渐变（来源：贺丽）

▲ 图 2.75　方向渐变（来源：青山设计）

▶ 图 2.76　虚实渐变（来源：青山设计）

▶ 图 2.77　位置渐变（来源：青山设计）

▶ 图 2.78　明度渐变（来源：秦婷）

图 2.76

图 2.77

⑥明度渐变：基本形的明度是由亮变黑的渐变效果（图 2.78）。

（2）骨格的渐变

①单元渐变：也称一次元渐变，骨格线一个单元等距离重复，另一个单元则逐渐加宽或缩窄。

②双元渐变：也称二次元渐变，即两组骨格线同时变化。

③等级渐变：将骨格线作竖向或横向整齐错位移动，产生梯形变化。

④折线渐变：将竖的或横的骨格线弯曲或弯折。

⑤联合渐变：将骨格线渐变的几种形式互相合并使用，成为较复杂的骨格单位。

⑥阴阳渐变：将骨格宽度扩大成面的感觉，使骨格与空间进行相反的宽窄变化，即可形成阴阳、虚实转换渐变。

图 2.78

3）渐变的基本形和骨格的关系

①将渐变的基本形纳入重复骨格中（图 2.79）。

②将渐变的基本形纳入渐变骨格中（图 2.80）。

③将重复的基本形纳入渐变骨格中（图 2.81）。

在渐变构成中，基本形与骨格线的变化非常重要，渐变的过程既不能太快缺乏连贯性，也不能太慢产生重复累赘感，只有控制变化才能产生较好的节奏感和韵律感。

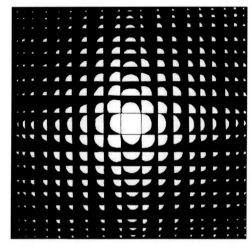

图 2.79

图 2.80

图 2.81

▲ 图 2.79　将渐变的基本形纳入重复骨格中（来源：林月欣）
▲ 图 2.80　将渐变的基本形纳入渐变骨格中（来源：青山设计）
▲ 图 2.81　将重复的基本形纳入渐变骨格中（来源：刘方伟）
▶ 图 2.82　特异 LOGO 设计（来源：李立）
▶ 图 2.83　编排特异（来源：Madeleine Hettich）
▶ 图 2.84　编排特异（来源：ElijahPorter）

2.5.5 特异

1）特异的概念

特立独行与
无限灿烂

特异是在有规律性的基本形中寻求一种突破变化的构成形式。在自然界中特异的例子非常多，例如，"明月群星""鹤立鸡群""万绿丛中一点红"等。在二维设计中，常用特异的手法来突出重点，传达信息。特异是比较性的，是依赖于规律性构成的自由构成，是规律性构成中的局部变化。特异的程度可大可小，但是特异与其他规律部分作安排时，过少会被规律淹没，不能达到预期效果，过大则使画面难以协调，若过于同类又会失去特异的效果。因此，在构成中需要很好地把握特异规律，呈现精致的重点信息（图 2.82）。

图 2.82

2）特异基本形

①编排特异：特异部分的基本形违反整体的编排规律，造成一种新规律，称为编排特异。特异规律与原整体规律有机地组合在一起，形成规律的转移。这种规律的转移可以是形的方向、位置或位缺的变化。特异部分要远少于整体部分（图 2.83、图 2.84）。

图 2.83

图 2.84

②形状特异：特异部分基本形的形态特征发生变异，称为形状特异。特异部分以少为宜（图 2.85）。

③色彩特异：在基本形排列的大小、形状、位置、方向都一样的基础上，以色彩进行变化来形成色彩突变的视觉效果（图 2.86）。

图 2.85

图 2.86

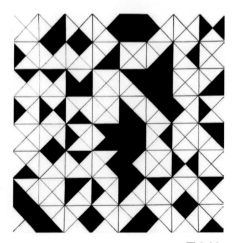

图 2.87

图 2.88

3）特异骨格

在规律性骨格中，部分骨格单位在形状、大小、方向或位置方面发生变异，称为特异骨格。

①规律转移：规律性的骨格一小部分发生变化，形成一种新规律，并与原有规律保持有机联系（图2.87）。

②无规律转移：骨格中特异部分没有产生新规律，而是原整体规律在某一局部受到破坏和干扰，这个破坏和干扰的部分就是规律突破（图2.88）。

图2.89

2.5.6 发射

1）发射的概念

发射的现象在自然界中非常广泛，如水中的涟漪、太阳的光芒、盛开的花朵、贝壳的螺纹、蜘蛛的结网、炸弹的爆炸等，可以说发射也是一种特殊的重复或渐变。

发射必须具备以下两个条件：

①必须向四处扩散或向中心聚集。

②必须具有明确的中心点。

图2.90

2）发射骨格的形式

①离心式：骨格线或基本形由中心向外发散（图2.89、图2.90）。

◀ 图2.85 形状特异（来源：Ana Carvalho）
◀ 图2.86 色彩特异（来源：青山设计）
◀ 图2.87 规律转移（来源：Michele Marrucci）
◀ 图2.88 无规律转移（来源：冯玲）
▲ 图2.89 离心式（来源：Drum-magic）
▲ 图2.90 离心式（来源：Printables Passions）

②向心式：骨格线或基本形由四周向中心聚集（图2.91、图2.92）。

③同心式：骨格线或基本形层层环绕一个中心点，每层基本形的数量不断增加，形成实际扩大的结构或扩散的形式（图2.93、图2.94）。

④多心式：骨格线或基本形层层环绕多个中心点，形成实际扩大的结构或扩散的形式（图2.95、图2.96）。

在二维设计中，穿插交错使用这四种发射骨格的形式效果会更好。

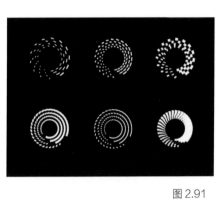

图2.91

图2.92

图2.93

图2.94

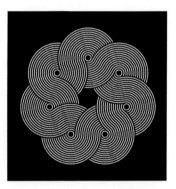

图2.95

图2.96

▲ 图2.91　向心式（来源：Jacek Janiczak）
▲ 图2.92　向心式（来源：Dihav-Gnaro）
▲ 图2.93　同心式（来源：John M. Armleder）
▲ 图2.94　同心式（来源：Aplloonio）
▲ 图2.95　多心式（来源：Archillect links）
▲ 图2.96　多心式（来源：Sun Kill Moon）
▶ 图2.97　分割的形式（来源：青山设计）
▶ 图2.98　等形分割（来源：青山设计）

3）发射骨格与基本形的关系

①发射骨格内纳入基本形。发射骨格纳入基本形内，采用有作用或无作用的骨格均可，但基本形元素排列必须清晰有序。

②利用发射骨格引导辅助线构筑基本形。基本形融于发射骨格中，突出发射骨格的造型特征。辅助线可以在骨格单位中勾画，也可以由某种规律性骨格（重复、渐变）与发射骨格叠加、分割而成。

③以骨格线或骨格单位自身为基本形。基本形即发射骨格自身，无须纳入基本形或其他因素，完全突出发射骨格自身，这种骨格线简单有力。

2.5.7　分割

分割、密集

1）分割的概念

分割是按照一定的比例和秩序进行切割或划分的构成形式，也是一种常用的构成方法。在自然界中存在很多分割现象，例如，耕种时梯田的分割、大地中被河流切断的分割等。在日常生活中，室内的空间分割、书报的版面分割、楼梯间栏杆的分割等都是根据分割原则而设计的。

图 2.97

2）分割的形式

公元前 6 世纪，希腊哲学家毕达哥拉斯为探索艺术中的节奏规律，曾把一段长线分为两段，并从中发现了 0.618 ： 1 的比例关系是构成美的标准尺度，哲学家柏拉图将这一比例关系称为"黄金分割"。从古希腊的瓶画到帕特农神庙、埃及的金字塔及文艺复兴时期的建筑、绘画，都可以看出黄金分割的重要性和唯美性（图 2.97）。

（1）等形分割

等形分割要求形状完全一样地重复性分割，有整齐划一的美感（图 2.98）。

图 2.98

（2）自由分割

自由分割是不规则的，给人以自由活泼之感（图2.99）。

（3）比例与数列分割

比例与数列分割是利用比例与数列的秩序进行的分割，给人以秩序、完整、明朗的感受。

①黄金比例分割：0.618 ：1黄金比矩形的画法是以一个正方形的一边为宽，先取正方形一边的二分之一点，再以此为圆心，以此点与其对角线的连线为半径，画弧线交到正方形底边的延长线上，此交点即为黄金比矩形场边的端点（图2.100）。

②费勃拉齐数列：是数列相邻两项的数字之和。例如，0，1，1（0+1），2（1+1），3（1+2），5（2+3），8（3+5），13（5+8），21（8+13），34（13+21），55（21+34），89（34+55），…这种数列在造型上比较重要，其美妙之处在于邻接两个数字的比近似于黄金比（图2.101）。

③等差数列：相邻两数之间的数差相等。例如，1，2，3，4，5，6，7，8，…这种数列是每项数均递增相等的数值（图2.102）。

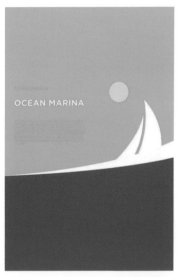

图2.99

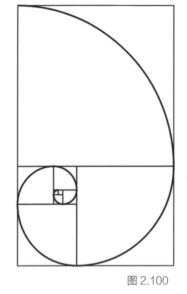

图2.100

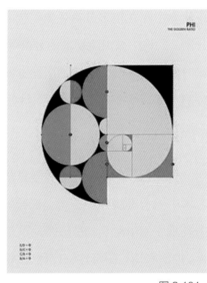

图2.101

▲ 图2.99　自由分割（来源：青山设计）

▲ 图2.100　黄金比例分割（来源：秦婷）

▲ 图2.101　费勃拉齐数列（来源：Jazzberry Blue）

▶ 图2.102　等差数列（来源：秦婷）

▶ 图2.103　密集（来源：吴建伟）

④等比数列：一个基数的乘方次排列起来所形成的数列。例如，2，4，8，16，32，…；3，6，12，24，48，96；3，9，27，81，…

在现代生活中，分割比例的运用更加广泛化，各种材料和用品在尺寸上都符合规格和比例，有统一的计划。

图2.102

2.5.8　密集

1）密集的概念

密集是对比的一种特殊情形，也就是说，数量颇多的基本形在某些地方密集起来，而在其他地方疏散，但集与散、虚与实之间常带有渐移的现象。城市是密集的最典型实例，建筑与人口都集结在城市中心，而距此中心越远则越疏少（图2.103）。

图2.103

图 2.104

图 2.105

2）密集的基本形

在密集构成中，基本形面积要小、数量要多才会有效果。在设计中，基本形的大小是优先考虑的，如果基本形面积过大，形状又发生变化时，就成了对比构成。

3）密集的形式

密集构成属于比较自由的构成形式，可分为预置形密集与无定形密集。预置形密集是依靠在画面预先安置的骨格线或中心组织基本形的密集与扩散，即以数量相当多的基本形在某些地方密集起来，又从密集处逐渐散开。无定形密集不设预置点和线，而是依靠画面的均衡，即通过密集基本形与空间、虚实等产生的程度对比来进行构成。基本形的密集，须有一定数量方向的移动变化，常常有从集中到消失的渐移现象。

（1）预置形密集

预置形密集分为两种：一种是趋近点的密集。概念的点在预置框格内各处，基本形趋附这些点的周围，越接近这些点越密集，越远离则越疏散，这个点可以是一个或几个，但不宜过多。另一种是趋向线的密集。概念的线在框格内构成骨格，基本形趋附在这些线的周围，形成狭长的基本形聚合地带。密集的线可以是直线也可以是曲线，可以是单根也可以是数根（图 2.104、图 2.105）。

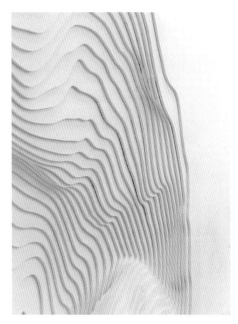

图2.106

（2）无定形密集

在构成时预先不设假定密集趋向的点和线，而是按照美学法则随意布置，并有清楚的焦点及基本形的渐移分布，但必须注意统一性（图2.106）。

[作业任务]

1. 作业要求

重复构成、近似构成、对比构成、渐变构成、特异构成、发射构成、分割构成、密集构成的练习。

2. 作业数量

作业数量8张，包括重复构成、近似构成、对比构成、渐变构成、特异构成、发射构成、分割构成、密集构成各一张，尺寸为12 cm×12 cm。

3. 建议课时

16课时。

4. 作业提示

构成练习时，请注意合理应用点、线、面等元素按照形与形的骨格关系明确地表现出各种构成形式。

◀ 图2.104　预置形密集（来源：DAILY MINIMAL）
◀ 图2.105　预置形密集（来源：刘方伟）
▲ 图2.106　无定形密集（来源：Matthew Johnson）

项目 2.6　平面构成法则 2：二维空间构成

在进行视觉表现时，首先要考虑画面构成的空间感觉及特征，把握好形、空间和动势三者的关系，再选择恰当的表现方法，使其更准确有效地传达图形的意义。

一个具有长度和宽度的二维平面形，增加其厚度，就变成了三维立体形。平面构成设计中的空间是幻觉性的、平面性的、矛盾性的，而不是实际意义上的立体和空间。这种对立体和空间的幻觉表现，是我们进行平面构成设计时必须掌握的重要技巧。

研究总结后，得出了重叠、大小变化、倾斜变化、弯曲变化、投影变化、透视变化 6 种创造二维空间构成的方式。

2.6.1　重叠

1）重叠的概念

一个基本形覆叠在另一个基本形之上，产生前后关系，形成一近一远的空间层次感。类似于在三维空间中表达厚度是需要不断重叠，增加其高度，才显现出空间感的手法。只是平面构成中的重叠是视觉上的重叠，是遮蔽方式的运用。以形与形之间的重叠关系表现前后关系是表现深度层次关系的一种重要方法。形在画面中所处的位置可分为上下、左右和前后关系（图 2.107）。

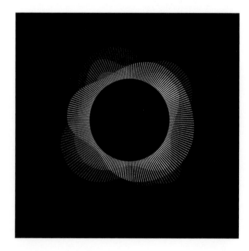

图 2.107

▲ 图 2.107　重叠（来源：DAILY MINIMAL）
▶ 图 2.108　同形重叠（来源：青山设计）
▶ 图 2.109　同形重叠（来源：999 at Cbgb and Omfug)
▶ 图 2.110　异形重叠（来源：瞿敬松）

2）重叠的形式

（1）同形重叠

同形重叠是指一个基本形复叠在相同的基本形之上，需注意相叠的间距、数量和方向。重叠的层数越多，在二维画面中的空间感会更加深远（图 2.108、图 2.109）。

（2）异形重叠

异形重叠是指一个基本形复叠在不同的基本形之上，复叠的形式多变。构成时，需要注意变化的度（图 2.110）。

图 2.108

图 2.109

图 2.110

2.6.2　大小变化

1）大小变化的概念

基本形发生大小的形态变化，在二维平面中会产生一近一远的效果，从而塑造出空间感。它的一般规律是大的形态较近，小的形态较远。大小变化应用的要素主要是点与面（图2.111）。

2）大小变化的形式

（1）渐变式大小变化

渐变式大小变化是指基本形由大逐渐变小，变化方向、位置、形态都具有一定规律，其构成形式比较柔和、统一，营造的空间感更加有依据和规律。

（2）骤变式大小变化

骤变式大小变化类似于大小对比，大小不同的基本形之间会产生强烈的距离感，对二维平面构成的空间感的塑造较为突出（图2.112）。

当然，大小变化的构成中可以是同一基本形的变化，也可以是不同基本形的变化。同一基本形的大小变化，空间感更强烈也更统一、协调。异形的大小变化显得丰富，过多则显得凌乱，需要注意。

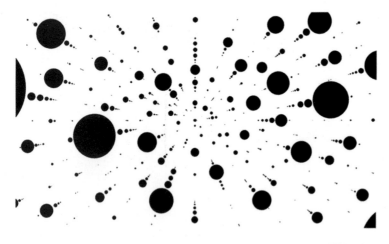

图2.111　　　　　　　　　　　　　　　　图2.112

▲ 图2.111　大小变化产生的空间感（来源：Ernesto Caivano）
▲ 图2.112　骤变式大小变化（来源：草间弥生）
▶ 图2.113　相同基本形的倾斜变化（来源：Kiersten Garner）
▶ 图2.114　弯曲变化产生的空间感（来源：Brendan Monroe）

2.6.3 倾斜变化

1）倾斜变化的概念

倾斜变化是指基本形由水平开始，发生角度变化而产生的倾斜变化。常以构成要素线、面来表现。倾斜的角度越大，画面中的空间落差感越强，巧妙地应用倾斜变化可以塑造出动态十足又层次丰富的视觉效果。

倾斜结构的构图，因其突出有力的对角线，具有明显的深度感和动势，赋予画面以生动活泼的形式。我们有时将两种关系按一定比例配置，形成画面整体不同的动静关系及运动特征，同时也创造出空间感和尺度感。

图2.113

2）倾斜变化的形式

（1）相同基本形的倾斜变化

由相同的基本形按照角度差做倾斜变化，产生空间感。角度差异若按照一定规律变化，产生的空间效果比较具有韵律感，并能很好地控制视觉距离（图2.113）。角度差异若无固定规律，则更具有丰富的变化。

（2）多个基本形的倾斜变化

由不同的多个基本形按照一定的角度差做倾斜变化，产生前后、左右的空间感。基本形的选择可以较丰富，但不应过多。

2.6.4 弯曲变化

1）弯曲变化的概念

弯曲变化是指线条或基本形由直到曲的变化，弯曲的弧度越大，空间中产生的凹凸感越强，引起的前后、左右的空间感也越强（图2.114）。

图2.114

2）弯曲变化的形式

（1）横向弯曲变化

横向弯曲变化是指弯曲变化沿着横轴产生的变化，这类变化塑造的空间感趋于前后的距离感和饱满度。可以是单弧线的弯曲变化，类似于圆面的透视，越靠近横线轴前后距离越短，越远离横线轴前后距离越长，也可以是多弧线交错构成，形态更加丰富生动。

（2）纵向弯曲变化

纵向弯曲变化是指弯曲变化沿着纵轴产生的变化，这类变化塑造的空间感趋于左右的距离感和饱满度。弯曲变化的程度不同，所营造的左右距离感也不相同：越大则越宽，越小则越近。

2.6.5 投影变化

1）投影变化的概念

存在于三维空间中的任何景物都有投影，在平面构成设计中的投影应用主要通过借鉴空间中的光影方向和物体高度来变现空间感。投影变化的丰富程度取决于基本形形态的丰富程度。

2）投影变化的形式

（1）单一基本形的投影变化

单一基本形的投影变化是在二维平面构成设计中，选择一个相同的基本形，选择一个相向的投影角度，在画面中构成空间前后、左右关系。这种形式的画面较统一、完整，空间感塑造效果较强（图 2.115）。

（2）多个基本形的投影变化

多个基本形的投影变化是在二维平面构成设计中，选择多个不同的基本形和多个不同的投影角度，在画面中构成空间前后、左右关系。这种形式的画面较丰富、多变，空间感塑造效果较好，但要避免太过杂乱，要寻找到构成的形式美感（图 2.116）。

2.6.6 透视变化

透视作为空间表达方法，直到 15 世纪文艺复兴时期才被发现。这种单一视点的透视法在相当长的时期里成为表现画面空间的一种规范。

▶ 图 2.115　单一基本形的投影变化（来源：陈锐）
▶ 图 2.116　多个基本形的投影变化（来源：Katrin Korfmann）

图 2.115　　　　　　　　　　　　　　　　图 2.116

19 世纪，保罗·塞尚改变了这一局面。他以画面的独立性为目的，应用移动视点的方法开创了现代绘画（图 2.117）。

透视是透过透明的平面来看景物，从而研究它们的形状。在特定的空间中，物体产生视觉中深度的变化，此变化可以依据一定的规律，即透视规律。

1）透视变化的概念

在二维平面构成中，透视的应用本身存在极其强烈的空间感，它是一种典型的将三维空间中实际存在的景象表现于二维平面的手法。透视本身具备一系列的规律，可以在平面构成设计中应用。例如，近大远小，视平线以下的近低远高，视平线以上的近高远低等。利用多变的透视变化，创造平面构成设计中最直观的空间感。

2）透视变化的形式

（1）单点透视的变化

单点透视的变化也称平行透视的变化，画面中只有一个视点，基本形若平行于视平线将不发生形变，只是产生近大远小的变化；基本形若不平行于视平线将沿着视点方向发生形变，最终消失于视点。单点透视较容易掌握，因此，被广泛应用于平面构成设计中（图 2.118）。

图 2.117

（2）多点透视的变化

多点透视的变化也称移动视点的变化，画面中不止一个视点，而是有多个视点。例如，成角透视的余点、斜面透视的天点和地点等。由于基本形位置、角度的变化，视点会不断增多和移动，空间形态会更丰富（图 2.119）。

图 2.118

图 2.119

项目 2.7 平面构成形式美法则

形式美法则是人类在创造美的形式、美的过程中对美的形式规律的经验总结和抽象概括，是指事物外在形态的自然物理属性（色彩、形状和声音等）及其组合规律所体现出来的美，是构成学中形式的视觉审美特性，属于美的范畴。

在人们的视觉经验中，高大的杉树、耸立的高楼大厦、巍峨的山峦尖峰等，它们的结构轮廓都是高耸的垂直线，在视觉上给人以上升、高大、威严等感受；而水平线则使人联想到地平线、一望无际的平原、风平浪静的大海等，给人以开阔、徐缓、平静等感受……这些源于生活积累的共识，使人们逐渐发现了形式美的基本法则。

探讨形式美法则是所有设计学科共同的课题。时至今日，形式美法则主要包括对称与平衡、对比与调和、变化与统一、节奏与韵律、比例与分割。研究、探索形式美法则，能够培养人们对形式美的敏感性，指导人们更好地去创造美的事物。掌握形式美法则，能够使人们更自觉地运用形式美法则表现美的内容，达到美的形式与美的内容的高度统一。

2.7.1 对称与平衡

对称形式的特点是整齐一律、均匀统一、排列相等，可以产生一种极为稳定、牢固的心理反应，营造平稳、安宁、和谐和庄重感（图2.120—图2.122）。

平面构成上的平衡并非实际重量乘以力矩的均等关系，而是根据图像的形状、大小、轻重、色彩、材质及其他视觉要素的分布作用于视觉判断的平衡。它通常以视觉中心（视觉冲击最强的地方的中点）为支点，各构成要素以此支点保持视觉意义上的力度平衡。在设计中，平衡是一种比较自由的表现形式，它比对称在视觉上显得灵活多变和新鲜，带有动感，并富有变化、统一的形式美感（图 2.123、图 2.124）。

图 2.120

图 2.121

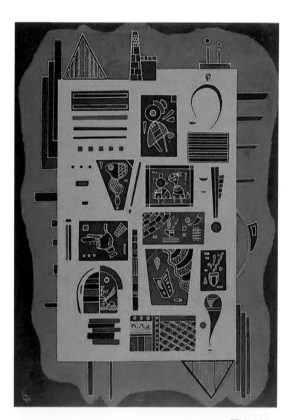

图 2.123

图 2.124

图 2.122

对称与均衡是一种变化与统一的表现形式。通常对称更容易产生统一感，均衡则强调画面的动感和变化。

2.7.2　对比与调和

对比与调和是指整体与局部或局部与局部之间各元素相比较产生的统一或变化的形式，是变化与统一的直接体现（图 2.125—图 2.128）。

对比是互为相反的要素设置在一起时所形成的对立状态。不同的要素配置在一起，彼此刺激，能使各自的特点更加鲜明突出，使强者更强，弱者更弱，大者更大，小者更小，视觉效果更加跳跃。对比会形成强烈的紧张感，具有震撼人心的力量，富有视觉冲击力。对比有大小、数量、方向、位置、色彩对比等形式。对比法则在平面设计中的应用较为常见（图 2.129、图 2.130）。

调和是从差异中求同，将多种元素相互联系使之和谐统一，从而产生协调的美感。调和是在变化中寻找各元素的基本一致，给人以融合、宁静和优雅的感觉（图 2.131）。

平面设计中要达到既有对比又有调和的统一，就必须通过设计者有意识的艺术加工，将对比与调和完美地融合，达到变化中有统一、静中有动的审美效果。

图 2.125

图 2.126

图 2.127

图 2.129

图 2.130

图 2.128

图 2.131

2.7.3 变化与统一

变化与统一是艺术领域中的基本形式原则，也是平面构成中形式美的总法则。它是指形式美中多种形式因素按照富于变化且有规律的结构组合法则，体现了生活和自然中多种因素对立统一的规律（图 2.132—图 2.134）。

变化是求异，使画面呈现出丰富的差异性美感，能使设计主题更加鲜明突出，使画面更具有视觉冲击力和跳跃性；统一是讲整体性，是把性质相同或相近的造型要素或符号有意识地排列在一起，是设计者对画面整体美感进行调整和把握的方式和方法，以表现出画面的整体感和秩序感。变化与统一要彼此制约、相互补充、反复推敲，做到合情合理（图 2.135、图 2.136）。

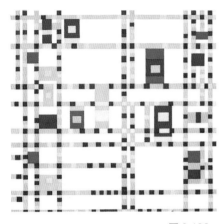

图 2.132

图 2.133

图 2.134

图 2.135

图 2.136

2.7.4　节奏与韵律

节奏与韵律是从音乐和诗歌中引入的专业术语。人的视觉也能感受到节奏与韵律。在平面构成中，节奏是依靠两个或两个以上相同或类似的单元形，在不断反复中表现出的快慢、强弱等心理效应，表现为高低起伏而又统一有序的律动美和秩序美（图 2.137、图 2.138）。

韵律原指音乐中和谐悦耳而有节奏的声音组合的规律。平面构成中的韵律是指某一个基本形或复杂形连续交替、反复产生的美感形式。韵律也可以是整体的气势和感觉，如山脉、溪水所具有的韵律，书法中的行笔、布局也讲究韵律（图 2.139、图 2.140）。

节奏与韵律往往相互依存、互为因果。节奏是简单的重复，是韵律的基础。韵律是对节奏的深化，是有变化的重复。节奏具有一定程度的机械美，韵律在节奏变化中产生无穷的情趣。在平面设计中，节奏与韵律也是常用的美学法则。

2.7.5　比例与分割

比例是指造型或构图的整体与局部、局部与局部、整体或局部的自身高、宽之间的比例关系。它是一种数理规律，一切大自然的创造物都是依照确定的数理关系形成的（图 2.141—图 2.143）。

分割是对事物体量的切割分离，在平面构成中，是对画面进行的切分。分割可以是对画面中单个图形的分割，也可以是对画面中多个构成元素组合构成的分割（图 2.144—图 2.146）。

分割可分为等形分割、等量分割、比例分割、相似分割和自由分割。在平面构成中，比例是分割的规则，分割是比例实现的手段。

图 2.137

图 2.138

图 2.139

图 2.140

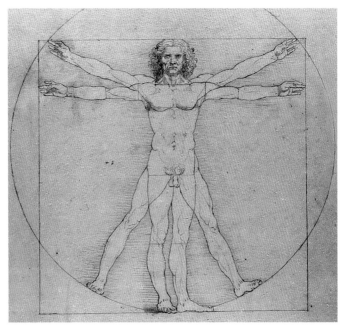

图 2.141

◀ 图 2.136　《最后的晚餐》（来源：达·芬奇）

▲ 图 2.137　东方精神（来源：青山设计）

▲ 图 2.138　《歌舞声喧》（来源：乔治·修拉）

▲ 图 2.139　《Empire State Building-Red Alert》（来源：刘小东）

▲ 图 2.140　我们有信仰（来源：蒋泽娜）

▲ 图 2.141　《维特鲁威人》（来源：达·芬奇）

图 2.142

图 2.143

图 2.144

图 2.145

图 2.146

◀ 图 2.142　《有胡须的人的肖像，可能是自画像》（来源：达·芬奇）

◀ 图 2.143　《蒙娜丽莎》（来源：达·芬奇）

◀ 图 2.144　《西山的春风》（来源：闫平）

◀ 图 2.145　《相亲相爱不孤单》（来源：闫平）

▲ 图 2.146　《新生的芬芳》（来源：闫平）

项目 2.8　平面构成在设计中的拓展应用

平面构成的应用遵循造型美的构造法则，将丰富多彩的具象形象抽象化为各种形态。平面构成能激发新鲜生动的灵感，启迪创意的构思使视觉形象更加理性化、有序化、科学化和艺术化。平面构成所涉及的领域非常广泛，比如建筑设计、平面设计、室内设计、产品设计、服装设计、工业设计、现代绘画等，且具有共性设计语言，从某种意义上讲已超越了平面构成的范畴。

2.8.1　平面构成在服装设计中的应用

服装设计的应用方法是借助平面构成原理，实现服装的科学设计，是基于基本款式造型形式，在款式平面形态上按照一定的设计原理进行的设计策划。例如，用简单的点、线、面进行分解、组合和变化，反映服装构成现象、变化与运动规律性，表现出具体的形象特征，使之变成美的符号的服装综合设计过程（图 2.147—图 2.150）。

图 2.147

图 2.148

图 2.149

图 2.150

2.8.2 平面构成在平面设计中的应用

平面设计包括招贴设计、包装设计、装帧设计等。平面设计主要是以二维平面形式为主的设计，所以构成创意理论应用最为广泛。构成创意中的许多原理，对平面设计中的构思均具有引导作用。

点、线、面 3 种构成要素的使用。通过点、线、面的抽象组合，可以清晰地把握画面关系，明确主次，使设计视觉流程达到表现目的，要素属性的变化能够丰富画面的视觉语言。点、线、面的构成常见于标志设计中。标志设计作为一种大众传播符号，具有很强的象征性和精神意义，通常采用点、线、面的抽象化构成，以此达到高度概括、精准、简单、易识别的目的（图 2.151—图 2.154）。

图 2.151

CHINA BEIJING
中国·北京

CHINA GUANGXI
中国·广西

CHINA SHANXI
中国·陕西

图 2.152

CHINA ZHEJIANG
中国·浙江

CHINA CHONGQING
中国·重庆

CHINA XIZANG
中国·西藏

CHINA FUJIAN
中国·福建

CHINA NEIMENGGU
中国·内蒙古

CHINA GUANGDONG
中国·广东

图 2.153

图 2.154

形式美法则为画面的审美性提供了很好的依据和方法。具有审美功能是平面设计的基本要求之一，运用对称与均衡、对比与调和、节奏与韵律等手段来处理画面变化与统一的关系，能帮助实现其美感。或者反其道，取得夺目的视觉效果。平面设计常用于创意广告（图2.155、图2.156）。

通过构成造型的综合运用，达到吸引视线、引发兴趣的目的。重复、渐变、近似、特异、发射、空间、肌理等构成形式，根据需要适当选择和运用，能达到很好的设计目的，形成强烈的视觉效果，引起不同的心理感受（图2.157、图2.158）。

图 2.155

图 2.156

图 2.157

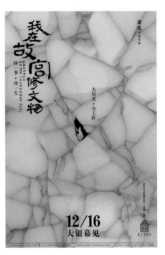

图 2.158

2.8.3 平面构成在包装设计中的应用

包装设计是以商品的保护、使用、促销为目的，将科学的、社会的、艺术的、心理的诸多要素综合起来的专业设计学科。包装设计中包装装潢设计涉及平面构成的应用（图2.159、图2.160）。

2.8.4 平面构成在室内和展示设计中的应用

室内设计是从建筑内部把握空间，根据空间的使用性和所处环境，运用物质技术及艺术手段，创造出功能合理、舒适美观，符合人的生理、心理需求，让使用者心情愉快，便于生活、工作、学习的理想场所的内部空间环境设计。展示设计也是一种空间传达设计，以引人注意和传达信息为主要目的的空间设计，如商业展示厅、橱窗、产品陈列室、博物馆等。优秀的展示设计能树立良好的企业和品牌形象，巧妙的空间设计可以起到有力的宣传展示作用。

室内和展示空间都是由多个平面围合、切分而成的，所以每个面都可运用平面构成的原理来进行处理。形式美法则可以加强空间的统一与变化的和谐感，不同材质形成的肌理对比是室内和展示空间的亮点。具体表现在室内和展示维护界面的设计，如顶面、墙面、地面和一些装饰陈设等（图2.161—图2.166）。

图 2.159

图 2.160

▲ 图 2.159　平面构成在包装设计中的应用（来源：青山设计）
▲ 图 2.160　《对镜自省·走兽》（来源：季荣）
▶ 图 2.161　平面构成在室内和展示设计中的应用（来源：即物设计）
▶ 图 2.162　平面构成在室内和展示设计中的应用（来源：谷沧设计）
▶ 图 2.163　平面构成在室内和展示设计中的应用（来源：灵犀软装）
▶ 图 2.164　平面构成在室内和展示设计中的应用（来源：谷沧设计）
▶ 图 2.165　平面构成在室内和展示设计中的应用（来源：灵犀软装）
▶ 图 2.166　重庆传音 A1 办公楼室内装饰设计（来源：重庆设计集团港庆建设工程有限公司）

图 2.161　　　　　　　　　　　　　　　　图 2.162

图 2.163　　　　　　　　　　　　　　　　图 2.164

图 2.165　　　　　　　　　　　　　　　　图 2.166

2.8.5　平面构成在产品设计中的应用

　　产品设计是通过机械化、大批量生产的工业手段设计的生产产品，以此满足人们的生活和工作中的各种需要。虽然产品是立体的存在，但是立体的产品是由不同的面组成的，尤其是产品的主界面，操作面板的布局都可以运用平面构成的原理进行组织和设计，使这个最常与人的视线接触的面符合功能要求，同时具有愉悦感（图 2.167—图 2.170）。

图 2.167　　　　　　　　　　　　　　　　图 2.168

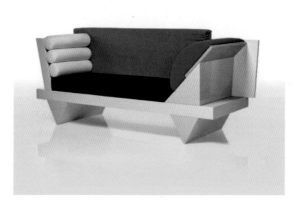

图 2.169　　　　　　　　　　　　　　　　图 2.170

▲ 图 2.167　双头智能桌子灯（来源：yanko）
▲ 图 2.168　宠物定位仪设计（来源：哈士奇设计）
▲ 图 2.169　莫妮卡波斯尼亚木雕工艺与家具 ZANAT（来源：莫妮卡福斯特）
▲ 图 2.170　孟菲斯设计系列（来源：David Bowie）

项目 2.9　工作任务实施

工作任务 1　文化空间画面线稿设计

学生工作手册

【学习情境描述】

　　你的家乡要做一个 7 m（长）× 7 m（宽）× 5 m（高）的"城市文化博览会的展厅设计"，你所在的团队获得本次项目的设计机会。你作为其中的一员，负责"城市母体或城市地标"画面的线稿设计，画面位置位于展厅向内的侧墙，画面高 2.5 m，宽 4 m。线稿设计以 JPG 格式提交至教师指定的课程平台。

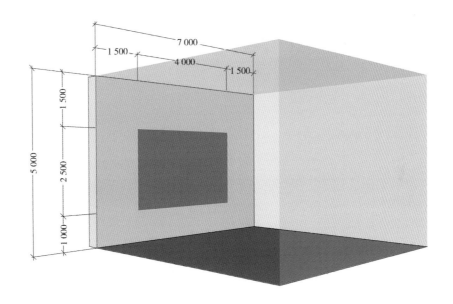

【学习目标】

　　◆知识目标

　　①掌握客户需求，分析要点；

　　②了解分析参考资料的方法；

　　③掌握设计流程的内容；

　　④掌握方案设计的方法。

◆能力目标

①能分辨客户的真实需求并加以记录；

②能分析过滤参考资料和信息并完成灵感板；

③能按照设计流程完成工作任务；

④能完成一套方案设计。

◆素质目标

①融美于技，树立正确的创作观；

②传承文化，弘扬中华美育精神。

【流程与活动】

工作活动 1　前期工作

工作活动 2　概念方案设计

工作活动 3　深化方案设计

工作活动 4　评价与总结

工作活动 1　前期工作

活动实施

活动步骤	活动内容	活动安排	活动记录
步骤 1 客户沟通	1. 学生分组 2. 角色分配（设计师、客户） 3. 列洽谈清单 4. 客户洽谈	扮演角色	附件 2-1
		评价活动	附件 2-2
步骤 2 市场调研与 资料收集	1. 项目调研 2. 资料收集	记录调研结果	附件 2-3

注：附件请扫描对应的二维码，下载后打印并填写。

工作活动 2 概念方案设计

活动实施

活动步骤	活动内容	活动安排	活动记录
步骤 1 设计准备	1. 分析资料信息 2. 明确设计定位	制作设计灵感板	附件 2-4
步骤 2 制订设计方案	1. 绘制概念设计图 2. 对设计文案进行辅助说明	绘制概念设计图、 撰写设计文案	附件 2-5

注：附件请扫描对应的二维码，下载后打印并填写。

工作活动 3 深化方案设计

活动实施

活动步骤	活动内容	活动安排	活动记录
步骤 1 深化方案设计	1. 完成设计图 2. 完成细节图	绘制整体设计图	附件 2-6
		绘制细节设计图	附件 2-7
步骤 2 方案汇报与修改	1. 方案汇报 2. 方案评价 3. 方案修改	汇报准备	附件 2-8
		展示评价	附件 2-9
		设计改进	附件 2-10

注：附件请扫描对应的二维码，下载后打印并填写。

工作活动 4　评价与总结

评价

一级指标	二级指标	评价内容	分值/分	评分/分					
				自评	互评	师评	企业专家	客户	平均分
过程评价	沟通能力	能准确进行沟通	10						
	实操能力	能根据自己获取的知识完成工作任务；能规范、严谨地完成设计方案	40						
	创新能力	具备创造性思维和图面表达能力	10						
结果评价	岗位能力	设计成果的规范性	10						
		设计成果的内容	10						
		客户满意度	10						
增值评价	能力成长	竞赛获奖, 公益参与等	5						
	心智成长	心理调节能力	5						
总　分									

总结

一级指标	二级指标	总结内容		评语
过程评价	沟通能力	能准确进行沟通	优点	
			缺点	
	实操能力	能根据自己获取的知识完成工作任务；能规范、严谨地完成设计方案	优点	
			缺点	
	创新能力	具备创造性思维和图面表达能力	优点	
			缺点	
结果评价	岗位能力	设计成果的规范性	优点	
			缺点	
		设计成果的内容	优点	
			缺点	
		客户满意度	优点	
			缺点	
增值评价	能力成长	竞赛获奖；公益参与等	优点	
			缺点	
	心智成长	心理调节能力	优点	

模块 3

色彩构成技能

项目 3.1 色彩构成的基础

3.1.1 认识颜色

色彩是由光刺激眼睛所产生的视觉现象。色彩是一种视觉形态，是眼睛对可见光的感受。光，是感知的条件；色，是感知的结果。从光源发出的光若碰到不透明的物体或颜料，反射物将一部分光吸收，剩下的另一部分光反射到眼中，这就是人所看到的色彩。

光的物理性质由光波的振幅和波长两个因素决定，波长的长度差别决定色相的差别（图3.1）。波长相同，而振幅不同，则决定色相明暗的差别。

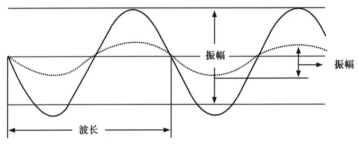

图 3.1

光谱的7种基本单色光完全取决于该光线的波长（表3.1），并按波长从短到长进行有序排列，像音乐中的音阶顺序，和谐而有序。而对于混合色来说，则取决于各种波长光线的相对量。由于物体的颜色是光源的光谱成分和物体表面的反射或投射的特征决定的，因此才有了大千世界的各种色彩。

表 3.1 七色波长与范围

颜色	波长范围 /nm
红	760~622
橙	622~597
黄	597~577
绿	577~492
青	492~450
蓝	450~435
紫	435~390

3.1.2 色彩的表示方式

色立体的色彩体系就是将色彩按照色相、明度和纯度三属性，有秩序地进行整理、分类而组成的有系统的色彩体系。这种系统的体系如果借助于三维空间形式来同时体现色彩的明度、色相、纯度之间的关系，则被称为色立体。

下面介绍在世界氛围内使用较多的、最具典型的、实用的两种色立体，一是美国的孟塞尔色立体；二是德国的奥斯特瓦德色立体。

1）孟塞尔色立体

孟塞尔色立体是由美国教育家、色彩学家、美术家孟塞尔于 1905 年创立的以色彩三要素为基础的色彩表示法。1929 年和 1943 年分别经美国国家标准局和美国光学协会修订出版了《孟塞尔色彩图册》。目前，国际上主要采用该色标系统作为颜色的分类和标定的方法，用于工业规定的测色标准（图 3.2）。

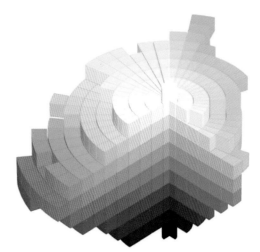

图 3.2

孟塞尔色立体的色相：孟塞尔色立体相环主要由 10 个色相组成，包括红（R）、黄（Y）、绿（G）、蓝（B）、紫（P）以及它们相互的间色黄红（YR）、绿黄（GY）、蓝绿（BG）、紫蓝（PB）、红紫（RP）。R 与 RP 间为 RP+R，RP 与 P 间为 P+RP，P 与 PB 间为 PB+P，PB 与 B 间为 B+PB，B 与 BG 间为 BG+B，BG 与 G 间为 G+BG，G 与 GY 间为 GY+G，GY 与 Y 间为 Y+GY，Y 与 YR 间为 YR+Y，YR 与 R 间为 R+YR。

孟塞尔色立体的明度：中心轴无彩色系从白到黑分为 11 个等级，白（W）在上，黑（B）为下，中间为灰色色系。

孟塞尔色立体的纯度：纯度分为 14 个等级，把无彩色的纯度设定为 0，随着颜色的鲜艳度的增强，渐渐地增大纯度的数值，最高的纯度值因色相的不同而不同。从表示无彩色的明度阶段的轴到每个色相，呈放射状向外延伸。

孟塞尔色立体是我们更容易理解的色彩，使用更便捷，使用价值较强。

◀ 图 3.1 波长振幅图（来源：秦婷）
▲ 图 3.2 孟塞尔色立体

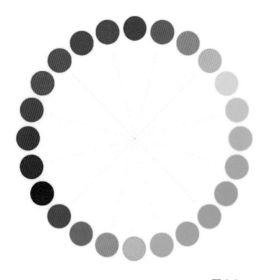

图 3.3

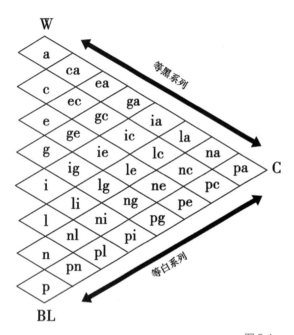

图 3.4

2）奥斯特瓦德色立体

奥斯特瓦德是德国化学家，对染料化学的贡献很大，曾获过诺贝尔奖。他的色彩研究涉及牛顿的三棱镜试验的范围极广，创造的色彩体系不需要很复杂的光学测定，就能把所指定的色彩符号化，为艺术家的实际应用提供了工具。1920 年创立了奥斯特瓦德色立体，1921 年出版了《奥斯特瓦德色彩图册》。

奥斯特瓦德色立体是以黄、橙、红、紫、蓝紫、蓝、绿、黄绿这 8 个主要色相为基础，各主色再分 3 个等分组成 24 色相环（图 3.3），并用 1～24 的数字表示，色相环直径两端的色互为补色。奥斯特瓦德色立体的无彩色构成，共分为 8 个等分，分别用 a，c，e，g，i，l，n，p 表示，每个等分中含有不同的白量和黑量。

奥斯特瓦德色三角（图 3.4）以明暗系列为垂直中心轴，并以此为三角形的一条边，其定点为纯色，上边为明色，下边为暗色，位于三角形中间部分的 28 个菱形含灰色，各符号表示该色标的含白与含黑量（表 3.2）。

▲ 图 3.3　奥斯特瓦德 24 色环
▲ 图 3.4　奥斯特瓦德色三角

表 3.2　奥斯特瓦德色立体不同等分中的含白量和含黑量

符号	含白量 /%	含黑量 /%
a	89	11
c	56	44
e	35	65
g	22	78
i	14	86
l	8.9	91.1
n	5.6	94.4
p	3.5	96.5

奥斯特瓦德运用空间混合的方法，将纯色、白色和黑色按不同的比例分别在旋转盘上涂成扇形，旋转混合，得出混合各种色所需的色光，然后以颜色凭感觉重复。

以上两种色立体广泛运用于艺术创作和设计，并为它们提供了方便。

3.1.3　有彩色系与无彩色系

色彩按彩度分可分为有彩色系和无彩色系两种。

（1）有彩色系

有彩色系包括红色、橙色、黄色、绿色、青色、蓝色和紫色等。

（2）无彩色系

无彩色系包括黑、白、灰 3 种颜色。

项目 3.2　色彩三属性

色彩三属性包括色相、明度和纯度。

3.2.1　色相

色彩的名字

色相是色彩的"相貌"，是色彩最大的特征，是指能够确切地表现各种颜色的色别名称，如大红、柠檬黄、草绿、绿色、紫罗兰、土黄、橘黄等不同特征的色彩。

每种基本色相，按照不同的色彩倾向有进一步的区分，如红色又分为玫瑰红、紫红、桃红、深红、赭石、橘红、朱红等；黄色又分为柠檬黄、淡黄、中黄、土黄、橘黄等；绿色又分为黄绿、淡绿、草绿、中绿、翠绿、橄榄绿、墨绿等；蓝色又分为钴蓝、湖蓝、群青、青莲、普蓝等。

从物理学认识，色相由波长决定，不同的色相有不同的波长。色相在心理上的反应可归纳为暖色系（图3.5）、冷色系（图3.6）和中间色系（图3.7）三大类。暖色系包括红紫色系、红色系、黄色系和橙色系；冷色系包括蓝色系和蓝紫色系；中间色系则是绿色系。色彩的冷暖也是色相变化的范畴，色相序列渐变推移可构成不同的空间效果。

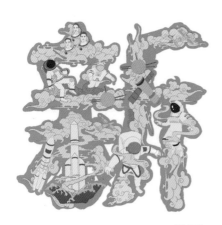

图3.5

3.2.2 明度

明度是指色彩的明暗程度。同一纯度，颜色越浅，明度越高，反之亦然。

颜色的深与浅

图3.6

图3.7

▲ 图3.5　暖色系（来源：戚凤云）
▲ 图3.6　冷色系（来源：戚凤云）
▲ 图3.7　中间色系（来源：戚凤云）
▶ 图3.8　明度序列渐变条（来源：秦婷）

明度的强弱是由反射光的振幅决定的，振幅大，明度强；振幅小，则明度弱。色彩的明度有两种情况：一种情况是同一色相的不同明度。白色是最明亮的色，黑色则是最暗的色，任何一种颜色，若想提高明度则需加上白色；若想降低明度，则需加上黑色。另一种情况是反射光造成的明度差异。

无彩色系的明度变化，用黑色颜料调和白色颜料，随分量比例的递增，可以制造出等渐变的"明度序列"，即无彩色系统。在无彩色系统里有明度变化，没有色相和彩度变化，因此，无彩色领域比有彩色领域的明度对比层次更加清晰。明度序列的渐变推移可以构成不同的空间效果（图 3.8）。

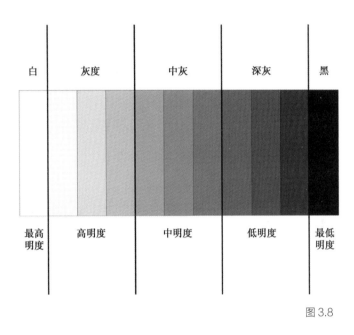

白	灰度	中灰	深灰	黑
最高明度	高明度	中明度	低明度	最低明度

图 3.8

有彩色系的明度变化：黄色是明度最高的颜色。黄色处于可见光谱的中心位置，是视觉感受最容易适应的。视知觉度高，色彩的明度也就高。紫色处于可见光谱的边缘，视知觉度低，色彩的明度也就低。红色和绿色两色为中间明度。从色相环的顺序排列中能明显看出明度的变化是由黄色到紫色呈现的，图 3.9 为无彩色系与有彩色系明度值图。

综上所述，提高和降低明度的方法就是在纯色里加白和黑，也可以与其他深色、浅色相混合（如黄色、紫色），从而形成明度变化。日本道路标识牌的颜色就是黑底黄字，是将明度最高的有彩色系和明度最低的无彩色系做对比。试想，如果用红与绿的明度则对比度弱，产生灰的效果，十分平淡。因此，学会合理地安排与协调色彩的明度关系是非常重要的。

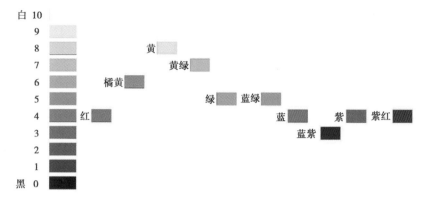

图 3.9

你选鲜艳
还是灰暗

3.2.3　纯度

纯度又称饱和度、彩度和艳度。它是指色彩的鲜艳程度及光波的单纯程度。可见光谱中的各种单色光是最纯的颜色，为极限纯度。而鲜艳程度取决于每个色彩的相混程度，尤其是明度灰相的情况。

无彩色系没有色相，故纯度为"0"。当一种颜色掺入其他颜色时，纯度就会降低，当掺入的颜色达到很大比例时，被掺入的色彩将失去本来的光彩，而变成混和的颜色。比例再大也不能说被混和的颜色里面没有原色素，只是原色素的比例越来越少，人的视觉不易辨认。

色彩的纯度或饱和度或鲜浊程度称纯度。同一色加白增亮同时降低彩度，加黑变暗同时降低彩度，所以同一色的彩度与明度有关。高纯度的色彩，加入白和黑调成的灰色，纯度就会降低，成为带灰浊感的色彩。原色和间色为纯色。三原色彩度最高，无彩色的彩度为零，纯色与无彩色是彩度的两极色。一个颜色的纯度高并不等于明度就高，即色相的纯度、明度并不成正比。

应该注意的是，一个颜色的纯度高并不等于明度就高，色彩的纯度与明度并不成正比。孟塞尔色立体规定的色彩三属性见表 3.3。

▲ 图 3.9　无彩色系明度色阶与有彩色系明度值（来源：秦婷）

表 3.3　孟塞尔色立体色彩三属性

色相	含白量 /%	含黑量 /%
红	4	14
黄橙	6	12
黄	8	12
黄绿	7	10
绿	5	8
蓝绿	5	6
蓝	4	8
蓝紫	3	12
紫	4	12
紫红	4	12

项目 3.3　色彩构成法则

色彩构成法则中主要有色彩对比与色彩调和两种。它的特性体现了色彩的美学原理，对创造美的色彩关系起重要作用，因此它是色彩的核心。

3.3.1　色彩对比

所谓色彩对比，就是将两种或两种以上的色彩放置在一起时，由于彼此相互影响而出现对比效果，从而显示出差别的现象。在视觉中，任何物体和颜色都不可能孤立地存在，它们都是从整体中显现出来的，而人们的感官也不可能单独地去感受某一种色彩，总是在大的整体中去感受各个部分。人们只有通过对比才能认识色彩的特征及相互关系，故任何色彩都是在对比的状态下存在的，或者是在相对条件下存在的。

1）色相对比

色相对比是指利用各色相之间的差别形成的对比。以色相环为基础的各种色相对比，其强弱决定于色相环上色相的距离。

没有丑的颜
色，只有搭配
不当的颜色

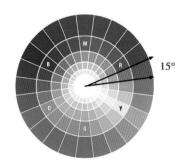

图 3.10

图 3.11

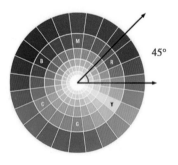

图 3.12

（1）同类色对比

同类色对比是指同一色相不同的明度与不同的纯度对比，在色相环中 15°以内的色彩组合（图 3.10）。在 15°范围内所形成的色彩对比关系，因色相差别很小，也称为色相弱对比。其所形成的色彩效果和谐、单纯、雅致、平静，但有时也会显得单调、平淡（图 3.11）。

（2）相邻色对比构成

色相环上间隔 45°的色相组合，为邻近色关系的色相对比构成，如橙、橙味红、橙红、红味橙等组成的橙色调。其特点是视觉效果和谐，色相差小，色相对比柔和，避免了同类色的单调感，更适用于背景的处理（图 3.12—图 3.15）。

图 3.13

图 3.14   图 3.15

（3）类似色对比构成

类似色对比是指色相差别不大，都含有近似要素的色彩组合。色相环上间隔 60° 左右的色相组合，也可以划定到 90° 以内的色彩，如红与橙、橙与黄、黄与绿、绿与青等。类似色对比比相邻色对比更明显，保持了其单纯、统一、柔和、主调明确的特点（图 3.16—图 3.17）。

（4）对比色对比构成

对比色对比是应用较为广泛的色相组合形式。其色相差别较大，毫无相似之处，在色相环上间隔 120°～180°（不含 180°），最典型的为 150°（图 3.18）左右的色相对比组合。这类色相对比跨度大，色彩对比强烈、丰富、饱满，视觉效果醒目、刺激，具有冲击力。对比色对比广泛用于商业、娱乐环境或环境色彩布置等，但这类色对比易引起视觉疲劳或精神亢奋，不宜大面积用于室内（图 3.19—图 3.21）。

◄ 图 3.10 色相环中的同类色对比（来源：秦婷）
◄ 图 3.11 同类色对比构成作品（来源：秦婷）
◄ 图 3.12 色彩环中的相邻色对比（来源：秦婷）
◄ 图 3.13 相邻色对比构成作品（来源：陈锐）
▲ 图 3.14 相邻色对比在家居设计中的应用（来源：何九秦、廖娜、胡语涵、李小凤）
▲ 图 3.15 相邻色对比在摄影作品中的应用（来源：陈锐）

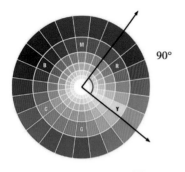

图 3.16

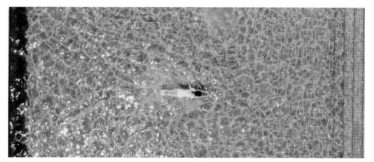

图 3.17

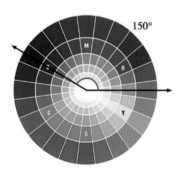

图 3.18

图 3.19

图 3.20

图 3.21

（5）互补色对比构成

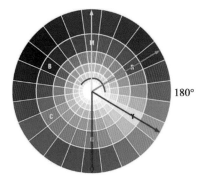

图 3.22

互补色对比是指色相极端对比，差别最大、对比最为强烈的色彩对比。互补色对比是在色相环上 180° 的色相关系，如红与绿、黄与紫、橙与蓝等。互补色对比的特点是强烈、鲜明、充实、有动感、富有刺激性，能使色彩对比达到最大的鲜明程度，对人的视觉具有强烈的吸引力。其缺点是不安定、过分刺激，处理不好会有一种幼稚、粗俗的感觉，易造成视觉及精神疲劳（图 3.22—图 3.24）。

图 3.23

图 3.24

◀ 图 3.16　色彩环中的类似色对比（来源：秦婷）
◀ 图 3.17　类似色对比构成（来源：陈锐）
◀ 图 3.18　色彩环中的对比色对比（来源：秦婷）
◀ 图 3.19　对比色对比构成（来源：陈锐）
◀ 图 3.20　对比色对比构成（来源：即物设计）
◀ 图 3.21　对比色对比构成在平面设计中的应用（来源：GVA Studio）
▲ 图 3.22　色相环中的互补色对比（来源：秦婷）
▲ 图 3.23　互补色对比在摄影作品中的应用（来源：陈锐）
▲ 图 3.24　四种色相对比效果（来源：王海利）

2）明度对比

明度对比主要是指由色彩明暗程度的差别而形成的对比。明度对比是色彩构成中最重要的因素之一，是色彩对比的基础，它能体现色彩的层次感和空间关系，对人的视觉影响力最大、最基本。

（1）明度基调

所谓基调，俗称色彩的"调子"，是色彩之间各种关系调整后整体配色上要达到的视觉效果，如高调、中调和低调。以黑色为1度，白色为9度的九级色标（图3.25）。

明度在1～3度的色彩称为低调色，又称为暗调色。低调色沉闷、厚重、压抑、浑浊（图3.26）。

明度在4～6度的色彩称为中调色。中调色朴素、含蓄、模糊、平淡（图3.27）。

明度在7～9度的色彩称为高调色。高调色明亮、清晰、柔和、兴奋（图3.28）。

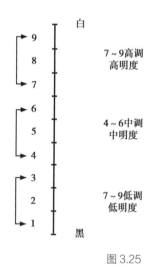

图 3.25

图 3.26

▲ 图 3.25　明度色标
▲ 图 3.26　低调色（来源：陈锐）
▶ 图 3.27　中调色（来源：陈锐）
▶ 图 3.28　高调色（来源：陈锐）
▶ 图 3.29　色彩与色彩之间明度差别的大小决定明度对比的等级

图 3.27   图 3.28

（2）明度对比等级

色彩与色彩之间明度差别的大小决定明度对比的等级（图 3.29）。

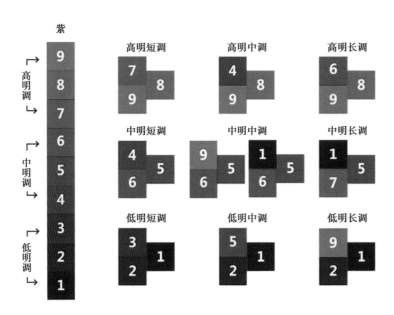

图 3.29

图 3.30

图 3.31

图 3.32

明度差在 3 度以内的对比称为短调对比，又称为弱对比。短调对比光感弱，清晰度低，形象不明朗（图 3.30）。

明度差在 3～5 度的对比称为中调对比。中调对比色彩适中，给人舒适的感觉（图 3.31）。

明度差在 5～9 度的对比称为长调对比，又称为强对比。长调对比光感强，形象清晰度较高，但也会产生生硬、眩晕的感觉（图 3.32）。

明度基本构成一般称为明度九调构成，也就是明度三大调九变化构成。即先画出高明、中明、低明三大调，再在各大调中安排不同强弱的小对比，使每一大调中出现 3 种变化，以此完成三大调九变化构成（表 3.4）。

表 3.4　三大调九变化构成

高明短调	高明中调	高明长调
中明短调	中明中调	高明长调
低明短调	低明中调	低明长调

（3）明度对比的种类高短调

对比主色调为高明度的、3 度差以内的高调弱对比构成。色彩效果极其明亮，形象分辨力差，其特点优雅、轻柔、高贵、软弱，设计中常被用来作为女性色彩（图 3.33）。

高短调：对比主色调为高明度、3 度差以内的高调的明度弱对比构成。色彩效果反差微弱，柔和朦胧、优雅、女性化。

高中调：对比主色调为高明度的、3～5 度差的高调中强度对比构成。色彩效果明亮、活泼、欢快而又安稳的感觉（图 3.34）。

高长调：对比主色调为高明度的、5～9度差以上的高调强对比构成。色彩效果反差大、对比强，有积极活泼、明亮、形象的清晰度高，刺激明快之感（图3.35）。

中短调：对比主色调为中明度的、3度差以内的灰调的明度弱对比构成。色彩效果朦胧、含蓄、模糊、朴素，同时又显得平板，清晰度也极差。

中中调：对比主色调为中明度的、3～5度差的灰调的明度中对比构成。色彩效果饱满，有丰富含蓄的感觉（图3.36）。

中长调：对比主色调为中明度的、5～9度差以上的灰调的明度强对比构成。色彩效果充实、深刻、力度感强，有丰富、饱满的感觉，给人以强健的男性色彩效果。

低短调：对比主色调为低明度的、3度差以内的暗调明度弱对比构成。色彩效果模糊、沉闷、阴暗、死寂、画面显得神秘、迟钝、忧郁，使人有种透不过气的感觉。

低中调：对比主色调为低明度的、3～5度差的暗调明度中对比构成。色彩效果沉着、稳重、寂寞、雄厚、有力度，设计中常被认为是男性色调（图3.37）。

低长调：对比主色调为低明度的、5～9度差以上的暗调明度强对比构成。色彩效果清晰、激烈，具有不安、压抑、苦闷、低沉的感觉（图3.38）。

高调

高短调

高中调

中调

中短调

中中调

低调

低短调

低中调

高长调

中长调

低长调

图3.33

图 3.34

图 3.35

图 3.36

图 3.37

图 3.38

3）纯度对比

色彩与色彩之间纯度差别的大小决定了纯度对比的强弱。

（1）纯度基调

纯度基调是指整体配色上要达到的视觉效果，如鲜调、中调、灰调。以灰色为1度，纯色为9度的九级纯度色标（图3.39）。

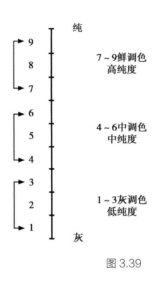

图3.39

纯度在1～3度的色彩称为灰调色，又称为低纯度基调。灰调色平淡、消极、无力、陈旧，但处理得好又显得自然、简朴、随和、安静。

纯度在4～6度的色彩称为中调色，又称为中纯度基调。中调色柔和、中庸、文雅、含蓄。

纯度在7～9度的色彩称为鲜调色，又称为高纯度基调。鲜调色积极、强烈、冲动、膨胀、活泼，若处理不当会显得低俗、生硬。

（2）纯度对比等级

从图3.40中可以获得纯度的强、中、弱3种对比效果。

◀ 图3.34　高中调（来源：Paul Strand）
◀ 图3.35　高长调绘画作品之《雪景》（来源：奥斯卡－克劳德·莫奈）
◀ 图3.36　中中调在室内色彩设计中的应用（来源：Villa Aiko）
◀ 图3.37　低中调（来源：爱德华·韦斯顿）
◀ 图3.38　高中低长短中长调的构成作品（来源：秦婷）
▲ 图3.39　纯度色标

玫红 9

鲜调

8为鲜调色
9-1=8属强对比
鲜强调

9-5=4属中对比
鲜中调

9-7=2属弱对比
鲜弱调

中调

5为中调色
9-2=7属强对比
中强调

8-4=4属中对比
中中调

6-4=2属弱对比
中弱调

弱调

3为浊调色
9-1=8属强对比
浊强调

9-5=4属中对比
浊中调

9-7=2属弱对比
浊弱调

灰

图 3.40

色彩间的纯度差在不足 3 级的对比属纯度弱对比，又称为纯度低对比。纯度弱对比较含蓄、朦胧、忧郁，缺少变化。纯度对比不足会显得平淡无味，视觉兴趣弱，还会出现配色的脏、粉、灰、闷、单调、模糊等缺点，构成时要加强色相和明度的变化，或加入小面积的点缀色改善效果（图 3.41）。

色彩间的纯度差在 4 ~ 6 个等级的对比属纯度中对比，又称为纯度中对比。纯度中对比稳重、温和、雅致、柔软、典雅、含蓄，具有亲和力以及调和、稳重、浑厚的视觉效果（图 3.42）。

色彩间的纯度差在 7 ~ 9 个等级的对比属纯度强对比，又称为纯度高对比。纯度强对比饱和、鲜艳，色彩效果肯定，具有强烈、华丽、鲜明、个性化的特点，但久视易造成视觉疲劳（图 3.43）。

▲ 图 3.40　紫红色彩调性变化
▶ 图 3.41　纯度弱对比（来源：王海利）
▶ 图 3.42　纯度中对比（来源：王海利）
▶ 图 3.43　纯度强对比（来源：王海利）
▶ 图 3.44　高纯度油画（来源：Francoise Nielly）
▶ 图 3.45　低纯度基调的海报设计色彩含蓄稳重（来源：瞿敬松）

图 3.41   图 3.42   图 3.43

案例欣赏：（图 3.44—图 3.47）

图 3.44   图 3.45

图 3.46

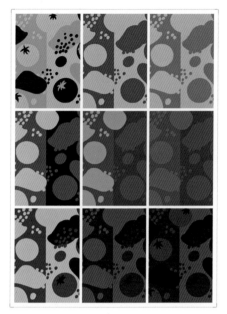

图 3.47

4）冷暖对比

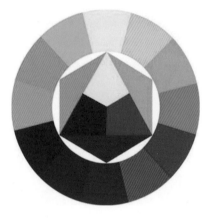

图 3.48

因色彩的冷暖差别所形成的色彩对比，称为冷暖对比。根据人们长期积累的视觉经验，人们对色彩的体验有着本能的感知，若当我们看到红、黄、橙的颜色时会自然联想到太阳、火焰等，给人以温暖的感觉；当看到蓝、绿、蓝紫的颜色时会联想到海洋、森林等；给人以清爽凉快的感觉。因此，我们把红、黄、橙色系称为暖色，把蓝、绿、蓝紫色系称为冷色。12色相环，从色相环中可以清楚地看到两部分的冷暖分化，红紫、红、橙、黄、黄绿为暖色，紫、蓝紫、蓝、蓝绿、绿为冷色。从色彩心理联想转向生理感觉，当看到暖色调时会感到愉快、幸福和高兴；当看到冷色调时会感到痛苦、悲伤、压抑（图3.48）。

▲ 图 3.46　纯度对比构成（一）（来源：王海利）
▲ 图 3.47　纯度对比构成（二）（来源：王海利）
▲ 图 3.48　12 色相环中的冷暖对比（来源：秦婷）
▶ 图 3.49　类似性暖色调构成（来源：青山设计）
▶ 图 3.50　对比性暖色调构成（来源：秦木子）

（1）暖色调构成

类似性暖色调构成：全部由暖色系色彩组合而成（图3.49）。

对比性暖色调构成：大面积暖色构成基调，加入小面积冷色，构成具有冷暖对比关系的暖色调（图3.50）。

（2）冷色调构成

对比性冷色调构成：大面积冷色构成基调，加入小面积暖色，构成具有冷暖对比关系的冷色调（图3.51）。

类似性冷色调构成：全部由冷色系色彩组合而成（图3.52）。

（3）中间色调构成

暖灰色系的中间色调构成（图3.53）。

（4）无彩色系构成

在无彩色中，黑色属于暖色系，白色属于冷色系（图3.54）。

案例欣赏：（图3.55—图3.58）

图 3.49

图 3.50

图 3.51

图 3.52

图 3.54

图 3.53

图 3.55

图 3.56

图 3.57

图 3.58

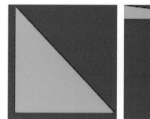

图 3.59

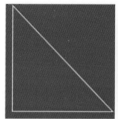

图 3.60

图 3.61

5）面积对比

在色彩对比中，面积的变化对对比的影响至关重要，一个色彩是否能形成主调、主色，在于它在整个色彩区域与其他面积的比例中是否能起到决定性的作用（图 3.59、图 3.60）。

任何色彩构成及色彩对比中都包含了色彩面积对比的因素，色彩面积对比实际上是数量的多与少、大与小的结构比例的对比，要处理好同一色域中几种色相的面积对比，关键是色量面积比例能否达到视觉平衡。

不同的色彩，当双方面积在 1∶1 时色彩的对比效果最强；当双方面积相差悬殊时色彩的对比效果弱（图 3.59）。当色彩相同时，双方面积 1∶1 的对比效果最弱；当双方面积悬殊时，对比效果强（图 3.60）。

①通常大面积色彩设计多选择明度高、纯度低统一的色调，这种搭配符合人们的心理和生理需要，有和谐舒适感，如建筑、室内顶棚、墙面、地板等。在大空间中采用中庸的黄灰色调，再配置色彩鲜艳、夸张的小物品点缀其中，引起人们对它的关注。其中就蕴含着大与小的面积对比因素（图 3.61）。

▲ 图 3.59　色彩的面积对比（不同色彩）（来源：王海利）
▲ 图 3.60　色彩的面积对比（相同色彩）（来源：王海利）
▲ 图 3.61　面积对比在室内设计中的应用（来源：灵犀软装）
▶ 图 3.62　广告招贴（来源：青山设计）
▶ 图 3.63　广告招贴（来源：青山设计）
▶ 图 3.64　色彩面积对比在图形设计中的应用（来源：王海利）
▶ 图 3.65　色彩面积对比构成（来源：青山设计）

②小面积色彩设计大多选择明度高、纯度高、对比强的色彩，以吸引人的注意（图3.62）。

③色彩与面积的关系还要考虑应用设计的性质，选择怎样的面积比例，要根据设计主题、艺术感觉和个人趣味来决定。例如，广告招贴设计需要强烈的视觉冲击效果，对比色的面积需要进行有力的对抗（图3.63）。

案例欣赏：（图3.64—图3.68）

图3.62

图3.63

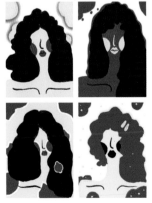

图3.64

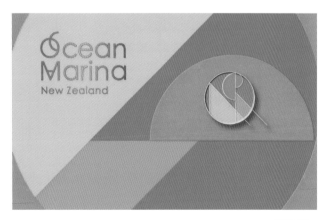

图3.65

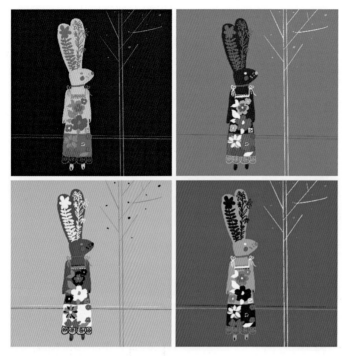

图 3.66

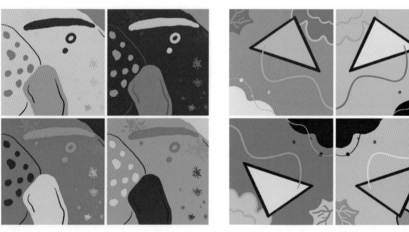

图 3.67   图 3.68

▲ 图 3.66 色彩面积对比构成（二）（来源：王海利）
▲ 图 3.67 色彩面积对比构成（三）（来源：王海利）
▲ 图 3.68 色彩面积对比构成（四）（来源：王海利）
▶ 图 3.69 冷暖色接近显得对比强烈（来源：Guim Tio Zarraluki）
▶ 图 3.70 色彩集中配置，具有较强的冲击力（来源：Pierre Yovanovitch）
▶ 图 3.71 画面中心偏上的位置设置鲜艳的色彩，起活跃画面的作用（来源：灵犀软装）

6）位置对比

从设计和绘画的作品中可以看出，画面中色彩元素之间有上下、左右、前后、居中、远近、邻近和包围等相应位置关系。色彩的位置关系不仅影响对比效果，还直接影响画面的平衡效果，也可以说，色彩位置如何选择直接影响一幅作品最终效果的好坏。

在色彩对比中，在其他因素不变的条件下，两色越接近对比关系越强；对比双方越远离，对比关系就越弱化；一个色放置在另一个色之中对比最为强烈，出现全面对比错视；两色并置产生共同边缘，出现边缘对比错视（图3.69、图3.70）。

一般情况下，在画面中4个角的张力是相等的，但右下角的张力强于其他角，有强烈的停顿感，如在签名、盖章时都会偏于右下角的位置，使整个画面更接近视觉的平衡、完整（图3.71）。从构图的上下关系来看，画面中心偏上的部分是视域中最活跃的位置，是色彩对比最强的位置关系，即视觉的中心（图3.72）。从构图的左右关系来看，色彩放在左边有紧凑感，放在右边有分离感。因为人们通常觉得左边被动，右边灵活，画面的焦点和中心一般在右边容易使人获得舒适感（图3.73）。

从色彩的心理学上讲，同一种色相的色彩位置不同则表达的情感也不同，对人的心理影响也不同。红色在画面上方显得强有力、压抑，在画面下方显得饱满、稳重（图3.74）；黄色在画面上方会显得轻飘、无重力感，在画面下方又会显得具有强烈的浮力感；蓝色在画面上半部分会显得较轻，给人空旷、明朗的感觉，在画面下半部分则具有重量感，会引起人对大海的联想。

在设计色彩的位置时，多从生理条件和视觉平衡的角度来思考，就能更好地组织画面，给画面的主题表达带来主动性和准确性。

案例欣赏：（图3.75）

图3.69

图3.70

图3.71

图 3.72

图 3.73

图 3.74

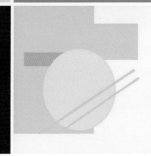

图 3.75

▲ 图 3.72　作品主题在画面右边，符合人的视觉特点，色彩对比强烈（来源：罗特列克）

▲ 图 3.73　 红、绿两色左右位置出现，构成强烈的色相对比（来源：灵犀软装）

▲ 图 3.74　红色在上方则显得有重量感（来源：秦木子）

▲ 图 3.75　色彩位置不同，给人轻、重、硬、软的感觉（来源：王海利）

▶ 图 3.76　形状对比（来源：王海利）

▶ 图 3.77　色彩形状聚散对比（来源：瓦西里·康定斯基）

▶ 图 3.78　《红、蓝、黄组曲》作品室内设计（来源：蒙特里安）

7）形状对比

色彩总是依附一定的形状出现并被我们所感受。色彩形状的变化会直接影响色彩对比的最终效果。

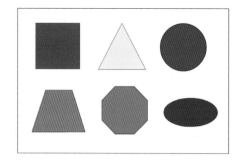

图 3.76

色彩与形状之间存在着客观上的关联。色与形相互补充，色彩赋予感情表现，而形状赋予精神表现。色彩学家认为，色彩和形状在人的心理上有相似之处（图 3.76）。

红——正方形：稳重、厚重，有重量感和庄严感。

黄——三角形：明亮、活跃、轻巧、刺激、尖锐，冲动、缺乏重量感。

蓝——圆：遥远、通透、清快、柔软、流动、寒冷。

橙色——梯形：安稳、温和、敦厚、不透明。

绿色——六边形：平静、活力。

紫色——椭圆形：柔和、圆浑、虚无、变幻。

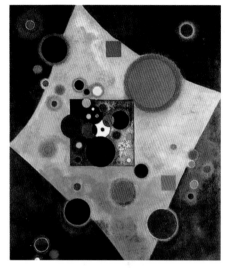

图 3.77

除了把握好形状对色彩对比的影响，还要控制好形状的聚与散的关系，在一定面积内，形状的大小、多寡，形的聚散对色彩的对比大有影响。形状越集中、越完整、越单一，色彩对比效果越强；形状越分散、越复杂，色彩对比效果越弱（图 3.77、图 3.78）。

图 3.78

3.3.2 色彩调和

"调和"一词源于希腊文,是合适、匀称的意思。从美学意义上讲,其意义就是"多样的统一"。在此需要强调的是,调和绝不仅是指色彩的类似、统一,更不是单调的一致。在调和的概念中,对比也是一个不可缺少的组成部分。色彩的和谐是相对色彩对比而言的,有对比才有调和,两者是矛盾的统一,既相互排斥,又相互依存,所有的色彩对比都要以和谐为最终目的。

色彩调和是两个或两个以上的色彩按照一定的秩序和规律,经过调整与组合,形成和谐统一的色彩关系。色彩调和大体上包括类似调和与对比调和两个方面。

1)类似调和

类似调和是将色彩三属性中的某一种或两种属性做同一或近似的组合,用以寻求色彩的统一感。类似调和包括同一调和与近似调和两种,是最简单又便利的调和方法。

（1）同一调和

在色相、明度、纯度三要素中,有某一两种要素完全相同,变化其他的要素,称为同一调和。当3种要素有一种要素相同时称为单性同一调和;当有两种要素相同时称为双性同一调和。

①单性同一调和包括同一明度调和（变化色相与纯度）、同一纯度调和（变化色相与明度）、同一色相调和（变化明度与纯度）。

图 3.79

图 3.80

▲ 图 3.79　同一明度调和（一）（来源:王海利）
▲ 图 3.80　同一明度调和（二）（来源:王海利）
▶ 图 3.81　同一纯度调和（一）（来源:王海利）
▶ 图 3.82　同一纯度调和（二）（来源:王海利）
▶ 图 3.83　同一色相调和（来源:王海利）

图 3.79 和图 3.80 中都是采用了同一明度调和。具体来说，就是在色相、纯度和明度 3 个变量中只调整明度这个变量，即在配色各方中混入白色或黑色，明度被提高或降低，绝大部分纯度会降低，色相虽然不变，但个性被削弱，原来色彩间过分刺激的对比也被削弱。如果混入的黑色、白色越多，就越容易取得调和。

图 3.81 和图 3.82 中采用了同一纯度调和。这种调和靠色彩纯度的鲜浊来变换画面，其配色效果是调和的，有种柔和、朦胧的效果。如混入同一灰色调和，因不改变色相和明度，只有纯度的变化，使这一方式显得单调统一，刺激性减少。

图 3.83 中采用了同一色相调和。不改变明度和纯度，通过同一色彩的色相而达到的调和。在不同色彩中增加同一的色相或互混其中的另一色使画面达到调和的方法，可使双方都具有相同因素，使之调和统一起来。在这里可以混入同一原色或同一间色调和。

图 3.81

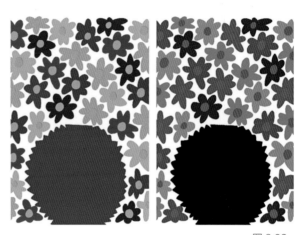

图 3.82

图 3.83

②双性同一调和包括同明度又同纯度调和（变化色相）、同色相又同明度调和（变化纯度）、同色相又同纯度调和（变化明度）。

虽然，双性同一调和比单性同一调和更具一致性，因此同一感极强，特别是在同色相又同明度的双性同一调和关系中，色彩近乎令人感到单调，在这种情况下，只有加大纯度对比的等级，才能使其具有调和感（图3.84—图3.87）。

（2）近似调和

在色相、明度、纯度3种要素中，有一种要素近似，变化其他两种要素，被称为近似调和。由于统一的要素由同一变化为近似，因为近似调和比同一调和的色彩关系有更多的变化因素。例如：

①单性近似调和：近似色相调和（主要变化明度、纯度）、近似明度调和（主要变化色相、纯度）、近似色相调和（主要变化明度、纯度）。

②双性近似调和：近似明度、色相调和（主要变化纯度），近似色相、纯度调和（主要变化明度），近似明度、纯度调和（主要变化色相）。

图3.88由紫和蓝两种颜色构成，紫和蓝的明度、纯度保持不变，只变化它们的色相，紫色混入红色使之成为紫红色调，蓝色混入红色使之成为蓝红色调，使两个色相相似，达到调和的目的。

无论同一调和还是类似调和，都是追求同一的变化，因此，一定要依据这个原则来处理好两种对立统一的要素组合关系。

2）对比调和

对比调和是以强调变化而组合的和谐色彩。在对比调和中，明度、色相、纯度3种要素可能都处于对比状态，因此色彩更富于活泼、生动、鲜明的效果。这样的色彩关系要达到某种既变化又统一的和谐美，主要不是依靠要素的一致，而是依靠某种组合秩序来实现的。

①二色调和：凡是通过色相环中心相对的两种颜色均可搭配成调和的色组，如红与绿、黄与紫、橙与蓝等。

②三色调和：又可称为补色单开叉关系。在色相环中构成等边、不等边或等腰三角形的3种颜色均可搭配成调和的色组。

③四色调和：通过色相环上正方形或长方形的4个颜色均可搭配成调和的色组。

④五色以上调和：色相环中构成五角形、六角形、八角形等的5种、6种、8种颜色均可搭配成调和的色组，并呈现出多色调和关系（图3.89—图3.93）。

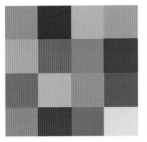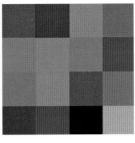

图 3.84

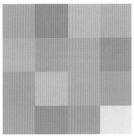

图 3.85

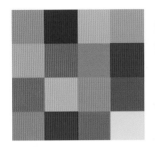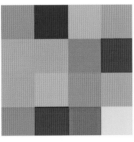

图 3.86

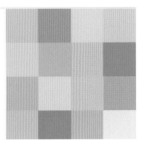

图 3.87

图 3.88

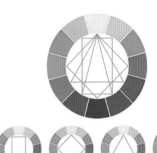

图 3.89

▲ 图 3.84　双性同一之同一纯度变化，仅改变纯度，明度和色相不变，调和（来源：王海利）

▲ 图 3.85　双性同一之同一色相变化，仅改变色相，明度和纯度不变，调和（来源：王海利）

▲ 图 3.86　双性同一之同一色相变化，增添同一色，其他明度和纯度不变，调和（来源：王海利）

▲ 图 3.87　双性同一之同一明度变化，仅改变明度，纯度和色相不变，调和（来源：王海利）

▲ 图 3.88　近似调和（来源：王海利）

▲ 图 3.89　色彩多角度调和色相环（来源：王海利）

图 3.91

图 3.90

图 3.92

图 3.93

▲ 图 3.90　对比调和（一）（来源：王海利）
▲ 图 3.91　对比调和（二）（来源：王海利）
▲ 图 3.92　对比调和（三）（来源：王海利）
▲ 图 3.93　橙与紫的对比中融入橙色，形成色相主调调和
▶ 图 3.94　以暖色为主的暖调（来源：赵力）
▶ 图 3.95　以冷色为主的冷调（来源：赵力）

无论是类似调和还是对比调和，都不能局限在某一范围内进行所谓的调和，必须兼顾到构成色之间的节奏、均衡、呼应、秩序关系等。总之，色彩调和不能脱离色彩结构孤立地作简单幼稚的变化。

3.3.3 色彩调性构成

什么是色调？"调子"本为音乐术语，是音乐中起统筹和支配作用的音调标准。而美术绘画和设计艺术的色调"调子"，是指以一种主色和其他色的组合搭配形成的画面色彩关系，是色彩的色相、明度、纯度、面积、冷暖等诸多因素构成的复合概念，是画面的总体色彩效果——即构成色彩的总倾向，也称色彩基调、色彩调子等。色调应用得最多的是色彩的明度，其次是色相和纯度。从色彩的明度上分，有明色调、暗色调、灰色调；从色彩的纯度上分，有清色调、浊色调；从色彩的色性上分，有暖色调、冷色调、中性色调。因此，色调的称谓颇多，它是统一和协调画面的主要因素。

1）暖调与冷调

冷暖调主要是以红、橙、黄、绿、蓝等色相为主的调性配置。以色相和冷暖倾向鲜明的色彩作为主色调的色彩设计别具一格。

以色相为主调的调性表达，前提是突出色彩相貌，强调冷暖对比和面积对比的协调结合，暖调（图 3.94）需以暖色为主，冷调（图 3.95）需以冷调为主，根据用途、场合、视觉关注的人群而给以恰当的运用。

图 3.94

图 3.95

2）鲜调与浊调

纯度是影响色彩感情效应的主要因素，同样是紫色，纯紫色的色调与淡紫色的色调相比其视觉效果和心理感应完全相反，前者传达出神秘、灾祸、恐怖的气氛，后者给人以清纯、柔和、雅致的女性意味（图3.96—图3.99）。

图 3.96

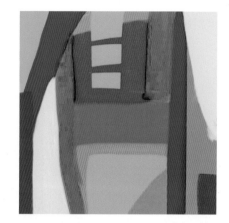
图 3.97

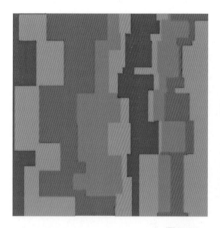
图 3.98

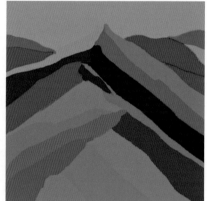
图 3.99

▲ 图 3.96　鲜调（一）（来源：王海利）
▲ 图 3.97　鲜调（二）（来源：王海利）
▲ 图 3.98　浊调（一）（来源：王海利）
▲ 图 3.99　浊调（二）（来源：王海利）
▶ 图 3.100　亮调
▶ 图 3.101　暗调
▶ 图 3.102　无色彩系为主调的色调（来源：黄海）
▶ 图 3.103　黄色是有彩色的最亮的色调（来源：赵力）

3）亮调与暗调

亮调（图 3.100）和暗调（图 3.101），可分为 3 种基本类型：一是以无色彩系为主调的色调；二是有彩色与无彩色的对比色调（图 3.102）；三是有彩色的系列色调（图 3.103）。

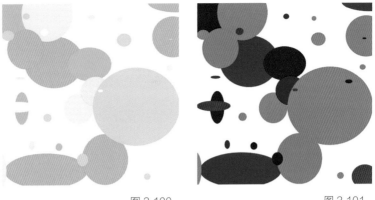

图 3.100　　　　　　　　　　图 3.101

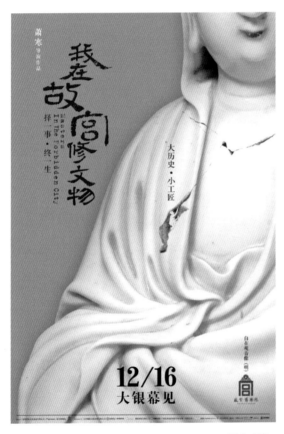

图 3.102

图 3.103

项目 3.4　色彩与心理

色彩感觉属视觉感受，是反映信息最多、对人的活动影响最大的感觉之一。观看色彩时，由于受到色彩的视觉刺激，在思维方面会产生对生活经验和环境事务的联想，从而产生一系列的心理变化，这就是色彩的心理感受。视觉受色彩的明度及彩度的影响，会产生冷暖、轻重、远近、涨缩、动静等不同感受与联想。色彩就本质而言，并无感情，而是经过人们在生活中积累的普遍经验作用，形成人们对色彩的心理感受。

色彩所唤起的人的心理情感是因人而异的，但由于人类生理构造和生活环境等方面存在着共性，对于许多人来说，在色彩的心理感受方面有着共同的情感。这种共同的情感，根据心理学的研究主要表现在以下几个方面：

3.4.1　暖色和冷色

色彩学上根据心理感受，把颜色分为暖色调（红、橙、黄）、冷色调（青、蓝）和中性色调（紫、绿）（图 3.104）。色彩的冷暖感受是人们在长期生活实践中因联想而形成的。如红色、橙色、黄色常使人联想到火焰、阳光和岩浆，给人产生温暖的感觉，故称为"暖色"（图 3.105）；蓝色常使人联想到蓝天、冰雪和海洋，因此有寒冷的感觉，故称为"冷色"（图 3.106）；绿色、紫色等给人的感觉是不冷不暖，故称为"中性色"。

色彩的冷暖色调与人们的需求是一致的，如需烘托热闹欢快的气氛时，就可用暖色调来带动人们的情绪和渲染氛围。在炎热的夏季，人们在选择食物时更愿意看到的是冷色调的包装，能在视觉上引起购物者对食物的喜爱。又如，在气候炎热的南方，家居的颜色在搭配上多采用青、绿、蓝等冷色调，让人感觉凉爽；反之，在气候寒冷的北方，家居的颜色在搭配上更多地采用红、橙、黄等暖色调，让人感觉温暖。

色彩的冷暖是相对而言的。如柠檬黄和中黄相比，带绿色的柠檬黄就显得比带橙色的中黄冷；大红与玫瑰红相比，大红色偏暖，而带紫色的玫瑰红则偏冷；绿色和蓝色相比，带黄色的绿色也偏暖（图 3.107）。从这层含义上讲，孤立的一个颜色，不能说是冷还是暖，它们是互相比较而存在的。

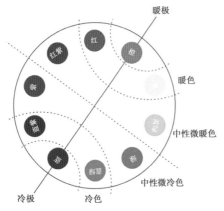

图 3.104

图 3.105

图 3.106

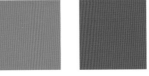

图 3.107

▲ 图 3.104　色相冷暖示意图
▲ 图 3.105　冷色调（来源：电视剧《人世间》）
▲ 图 3.106　暖色调（来源：电视剧《人世间》）
▲ 图 3.107　色彩心理温度的相对性（来源：秦婷）

在一幅作品中，多数色彩是暖色或大面积色彩是暖色，而只有少数或小面积色彩是冷色，那么形成的整体色调仍是暖色调；反之，多数色彩是冷色，或大面积色彩是冷色，而只有少数或小面积色彩是暖色，那么形成的整体色调仍是冷色调。当然有些作品的色调属于冷暖中调，即它的色调是介于冷色和暖色之间的中性调（图3.108—图3.110）。

冷、暖色的感觉除了从色相上判断外，还与明度、纯度以及面积有直接关系。高明度、低纯度色具冷感，高纯度、低明度色具暖感。图3.111中大面积的背景色具有较高的明度，虽有暖色调穿插其中，但背景色却跃然眼前，因此这幅作品显然是冷色调。图3.112下半部分的蓝色有偏冷的感觉，但与上半部分鲜艳的红色相比，红色面积虽小但形成较强的视觉冲击力，因此形成了偏暖色调。如果冷暖色彩的明度基本一致、面积基本相等时，那么就可以把纯度较高的一方或面积较大的一方看成主色调（图3.113）。

图 3.108

图 3.109

图 3.110

图 3.111

图 3.112

图 3.113

◀ 图 3.108　暖色调（来源：刘会会）

◀ 图 3.109　冷色调（来源：Saul Bass）

▲ 图 3.110　中性色调（来源：刘方伟）

▲ 图 3.111　高纯度、低明度色具暖感在海报中的应用（来源：瞿敬松）

▲ 图 3.112　冷色调在招贴中的应用（来源：David Klein）

▲ 图 3.113　纯度较高、面积较大在摄影作品中主色调的应用（来源：秦婷）

图 3.114

图 3.115

3.4.2 兴奋与沉静

色相的冷暖感是决定色彩兴奋与沉静的主要因素。暖色系中鲜艳、明亮的色彩能让人兴奋，如红色、橙色、黄色等暖色系的组合属兴奋色。冷色系中深沉、质朴的色彩给人沉静稳重感，如蓝色、绿色、紫色等冷色系的组合属沉静色。当色彩的明度高、纯度高时也会产生兴奋感，色彩的明度低、纯度低具有沉静感（图 3.114）。

3.4.3 华丽与朴素

色彩的华丽与朴素和色彩的三要素有关，其中，纯度影响最大。在色相方面，暖色调给人感觉华丽，而冷色调给人感觉朴素；在明度方面，明度高的色彩有华丽的感觉，而明度低的色彩则有朴素之感；在纯度方面，高纯度的鲜艳色彩，丰富、强对比的色彩给人以华丽、辉煌之感；而低纯度的灰浊色彩，单纯、弱对比给人以朴素、淡雅之感（图 3.115—图 3.118）。

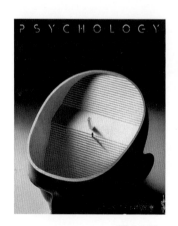

图 3.116

图 3.117

图 3.118

3.4.4 明快与忧郁

色彩的明快与忧郁主要与纯度和明度有关，明度高而鲜艳、靓丽的色具有明快感，明度低而深暗、混浊的色具有忧郁感；低明度色调的配色易产生忧郁感，高明度色调的配色易产生明快感；强对比色调具有明快感，弱对比色调具有忧郁感（图3.119、图3.120）。

3.4.5 膨胀与收缩

给人以比实际面积大的感觉的色彩叫作膨胀色。给人以比实际面积小的感觉的色彩叫作收缩色。暖色调、高明度、高纯度给人膨胀的感觉；冷色调、低明度、低纯度给人收缩的感觉（图3.121—图3.123）。

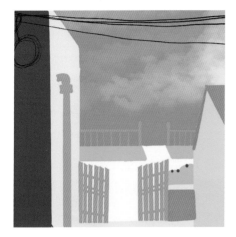

图 3.119

图 3.120

图 3.121

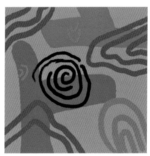

图 3.122   图 3.123

◄ 图 3.114　左图给人以沉静感，右图给人以兴奋感（来源：陈锐）
◄ 图 3.115　在海报设计中的应用（来源：瞿敬松）
◄ 图 3.116　在广告设计中的应用（来源：Saul Bass）
◄ 图 3.117　高纯度的鲜艳色彩（来源：王海利）
◄ 图 3.118　低纯度的灰浊色彩（来源：王海利）
▲ 图 3.119　高明度色调（来源：王海利）
▲ 图 3.120　低明度色调（来源：王海利）
▲ 图 3.121　相同背景下不同色相的对比（来源：王海利）
▲ 图 3.122　膨胀感构成（来源：王海利）
▲ 图 3.123　收缩感构成（来源：王海利）

3.4.6　硬与软

色彩的明度和纯度对硬与软的感觉影响较大，而色相对它的影响较小。同一种色相，明度较高的低纯度色会给人柔软感，如粉红、淡黄、淡蓝、奶白等；而明度较低的高纯度色会给人硬朗感，如赭石、土黄、普蓝、黑色等。纯度越高越有硬朗感，纯度越低越有柔软感；强对比色调具有硬朗感，弱对比色调具有柔软感（图 3.124—图 3.127）。

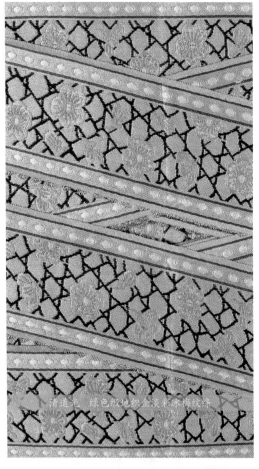

清道光　绿色缎地织金漠彩冰梅纹绦

图 3.124

清同治　品月色缎地织金水墨冰梅纹绦

图 3.125

▲ 图 3.124　给人以柔软感的香水包装
▲ 图 3.125　给人以硬朗感的香水包装
▶ 图 3.126　柔软感构成（来源：王海利）
▶ 图 3.127　硬朗感构成（来源：王海利）
▶ 图 3.128　冷色调给人感觉轻（来源：王海利）
▶ 图 3.129　暖色调给人感觉重（来源：王海利）

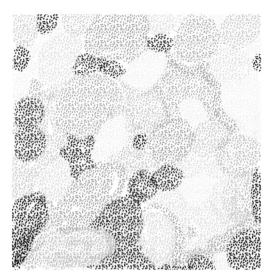

图 3.126

图 3.127

3.4.7　重与轻

　　色彩的轻重感来自生活中的体验，比如，白色令人联想到云雾、棉花，产生轻飘感；而黑色令人联想到煤炭、泥土，产生厚重感。色彩的轻重主要由明度的变换来决定，明度高的色彩给人轻的感觉，如白色、黄色等高明度色；明度低的色彩给人重的感觉，如黑色、褐色等低明度色。其次，暖色调给人感觉重，冷色调给人感觉轻。同色相同明度的条件下，纯度高的色彩感觉轻，纯度低的色彩感觉重（图 3.128—图 3.132）。

图 3.128

图 3.129

图 3.130

图 3.131

图 3.132

3.4.8　前进与后退

当人们等距离地看黄色和蓝色时，这两种颜色会给人不同的前进与后退感（图 3.133）。

例如，红色与蓝绿色以黑色为背景时，人们往往感觉红色距离比蓝绿色近。换言之，红色有前进性，蓝绿色有后退性。一般来说，暖色调明亮的色彩比冷色调暗淡的色彩更富有前进性。其次，对比度强的色彩具有前进感，对比度弱的色彩具有后退感；膨胀的色彩具有前进感，收缩的色彩具有后退感；高纯度之色具有前进感，低纯度之色具有后退感；分布比较集中的色彩具有前进感，分布比较松散的色彩具有后退感（图 3.134、图 3.135）。

色彩的前进感、后退感形成距离的错视原理，在绘画和设计作品中常被用来加强画面的空间层次感（图 3.136）。

图 3.133

◀ 图 3.130　点彩冷色调构成——《星空》（来源：凡·高）
◀ 图 3.131　点彩暖色调构成——《麦田的守望者》（来源：凡·高）
▲ 图 3.132　色彩的轻重感在广告设计中的运用
▲ 图 3.133　明度高的黄色给人以前进感，明度低的蓝色给人以后退感（来源：秦婷）

图 3.134

图 3.135

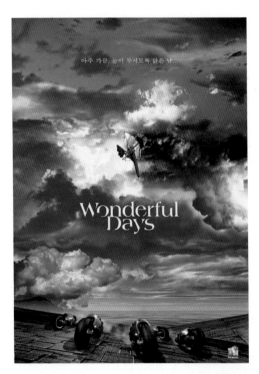

图 3.136

图 3.137

项目 3.5　色彩构成在设计中的拓展应用

　　色彩在人的心理、精神方面产生的影响越来越强于色彩的视觉效果。色彩具有更为丰富的精神内涵，是一切造型艺术的灵魂。

色彩一二三步走

3.5.1　色彩与广告设计

　　平面广告属于视觉类广告，图形、文案、色彩是构成平面广告的三大要素。在平面广告设计中，可以利用各种色彩的相互配合，创造出符合广告内容特点的艺术效果（图3.137—图3.140）。

图 3.138

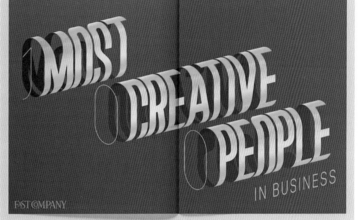

图 3.139

图 3.140

◀ 图 3.134　画面中的橘色具有前进感（来源：陈锐）
◀ 图 3.135　画面中的山川具有后退感（来源：千里江山图局部）
◀ 图 3.136　色彩造成的前进感和后退感在海报设计中的应用（来源：晴空战士）
▲ 图 3.137　幸福医药广告插图
▲ 图 3.138　未来主义色彩（来源：Santi Zoraidez）
▲ 图 3.139　未来主义色彩（来源：Mohamed Samir）
▶ 图 3.140　未来主义色彩（来源：Muokkaa Studio）

3.5.2 色彩与空间设计

色彩对人们心理空间的影响更为直接，色彩具有功能性，用颜色做空间功能的区分是有效的，甚至超过隔断的区分，因为色彩不但进行了功能划分，同时还保留了空间的通透性（图 3.141—图 3.146）。

图 3.141

图 3.142

图 3.143

▲ 图 3.141　Tienda 14 Store 运动鞋店（来源：哈维尔·希门尼斯·伊涅斯塔）
▲ 图 3.142　Art House 2019 全球设计奖（来源：Claire Driscoll）
▲ 图 3.143　2017 红点奖参赛作品（来源：Daria Zinovatnaya）
▶ 图 3.144　XYTS 商店（来源：韩国设计工作室 WGNB）
▶ 图 3.145　米兰家居展作品（来源：SELETTI）

图 3.144

图 3.145

图 3.146

3.5.3 色彩与网页设计

随着时代的快速发展，网络已遍布人们的生活，网页的版面设计得到了重视，而色彩对网页视觉效果的影响很大，恰当的色彩运用可以使结构简单的页面赏心悦目。一般来说，在网页色彩设计中一个页面原则上不超过 4 种颜色。在选择色彩时，要依据网站的内容和性质来分析它的受众人群，以此确定风格和主题色，再来考虑其他配色。在进行色彩搭配时，要注意色彩之间的调和、色彩面积比例等。总之，色彩的选择和搭配要科学合理，与表达的内容氛围相吻合（图 3.147—图 3.149）。

3.5.4 色彩与产品设计

色彩构成是产品设计的基本构成要素之一，与形态、材质共同构成产品的表现形式，是产品审美特征的重要因素。此外，在产品设计中还必须考虑使用环境差异、使用者的偏好、使用的性质以及企业的标识性和形象色等因素。

色彩可以影响人们对产品的感受，并对人的心理起很大的指导作用，在设计中，我们要表达美观和功能划分，更重要的是人性化的体现和设计者的创意表达。在产品设计中，还要充分利用人们对色彩使用的局限性和传统习惯这一规律，例如，食品包装色彩不能和药品同样处理（图3.150—图 3.153）。

图 3.147

图 3.148

图 3.149

图 3.150

图 3.151

◄ 图 3.146　Kometa Black 健身俱乐部（来源：YoYo Bureau）
▲ 图 3.147　电子商务网页设计（来源：Lipault™）
▲ 图 3.148　2020 上动文创网页设计（来源：shangmoves.design）
▲ 图 3.149　小罐茶设计（来源：小罐茶官方旗舰店）
▲ 图 3.150　黄油盘——爱丽丝集合（来源：Feinedinge Collection）
▲ 图 3.151　leManoosh（来源：Industrial Design Trends and Inspiration）

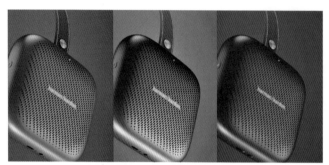

图 3.152

图 3.153

3.5.5　色彩与服装设计

在服装设计中，色彩起到了视觉醒目的作用，人们首先看到的是颜色，其次是服装造型，最后才是服装材料和工艺问题。所以服装色彩作为服装的组成部分，具有十分重要的意义。

在进行服装色彩设计和搭配时，必须要考虑色彩的平面视觉效果和立体状态时的色彩效果，还要考虑服装的实用性、个性、流行性、民族性和服装的使用机能等。服装色彩的设计手法主要是对比与调和，需根据服装的用途、穿着对象、时间、场合来选定色彩，确定一两个系列的颜色，并以此为服饰的基调色，再选用一种搭配色，利用色相、明度和纯度的对比，起到突出基调色的作用。一般来说，整个服装最好不超过 3 种颜色（图 3.154—图 3.156）。

▲ 图 3.152　蓝牙便捷式扬声器（来源：Harman Kardon Neo）
▲ 图 3.153　椅子（来源：Martorano）
▶ 图 3.154　LUYANG2021SS 春夏上海时装周（来源：杨露）
▶ 图 3.155　2017AW 上海时装周（来源：杨露）
▶ 图 3.156　LUYAN2021AW 上海时装周（来源：杨露）

图 3.154

图 3.155

图 3.156

项目 3.6　工作任务实施

工作任务 2　文化空间色彩设计

学生工作手册

【学习情境描述】

　　客户对你的平面构思非常满意，请你在上一阶段工作的基础上继续完善该画面色彩设计的工作，要求色彩设计符合平面设计内容。设计稿以 JPG 格式提交至教师指定的课程平台。

【学习目标】

　　◆知识目标

　　掌握色彩搭配的知识。

　　◆能力目标

　　具备色彩搭配的能力。

　　◆素质目标

　　①融美于技，树立正确的创作观；

　　②传承文化，弘扬中华美育精神。

【流程与活动】

　　工作活动 1　前期工作

　　工作活动 2　色彩方案设计

　　工作活动 3　评价与总结

工作活动 1　前期工作

活动实施

活动步骤	活动内容	活动安排	活动记录
步骤 1 客户沟通	1.学生分组 2.角色分配（设计师、客户） 3.列洽谈清单 4.客户洽谈	扮演角色	附件 3-1
		评价活动	附件 3-2

活动步骤	活动内容	活动安排	活动记录
步骤 2 市场调研与 资料收集	1. 项目调研 2. 资料收集	记录调研结果	环境色彩设计虚拟仿真实训（智慧树课程平台）

注：附件请扫描对应的二维码，下载后打印并填写。

工作活动 2　色彩方案设计

活动实施

活动步骤	活动内容	活动安排	活动记录
步骤 1 方案设计	1. 色条填涂 2. 色彩设计方案	色条填涂和色彩设计	环境色彩设计虚拟仿真实训（智慧树课程平台）
步骤 2 方案汇报 与修改	1. 方案汇报 2. 方案评价 3. 方案修改	汇报准备	附件 3-3
		展示评价	附件 3-4
		设计改进	附件 3-5

注：附件请扫描对应的二维码，下载后打印并填写。

工作活动 3 评价与总结

评价

一级指标	二级指标	评价内容	分值/分	评分/分					
				自评	互评	师评	企业专家	客户	平均分
过程评价	沟通能力	能准确进行沟通	10						
	实操能力	能根据自己获取的知识完成工作任务；能规范、严谨地完成设计方案	40						
	创新能力	具备创造性思维和图面表达能力	10						
结果评价	岗位能力	设计成果的规范性	10						
		设计成果的内容	10						
		客户满意度	10						
增值评价	能力成长	竞赛获奖，公益参与	5						
	心智成长	心理调节能力	5						
总 分									

总结

一级指标	二级指标	总结内容	评语	
过程评价	沟通能力	能准确进行沟通	优点	
			缺点	
	实操能力	能根据自己获取的知识完成工作任务；能规范、严谨地完成设计方案	优点	
			缺点	
	创新能力	具备创造性思维和图面表达能力	优点	
			缺点	
结果评价	岗位能力	设计成果的规范性	优点	
			缺点	
		设计成果的内容	优点	
			缺点	
		客户满意度	优点	
			缺点	
增值评价	能力成长	竞赛获奖，公益参与等	优点	
			缺点	
	心智成长	心理调节能力	优点	

模块 4

立体构成技能

项目 4.1 立体构成的基础

4.1.1 立体构成的概念

立体构成也称空间构成，是现代艺术设计的基础构成之一。除了在平面上塑造形象与空间感的图案及绘画艺术外，其他各类造型艺术都应划归到立体艺术与立体造型设计的范畴中。立体构成是将一个或多个完整的对象进行分解，分解为多种造型元素，然后按照一定的构成原则，再进行重新组合，从而形成新的空间组合形式。

立体构成是借助材料和技术手段，以结构力学为基础，将立体造型元素按照一定的构成规律来塑造立体和空间，组合成具有美感的形体，完成三维视觉造型的活动过程。

4.1.2 立体构成的特征

人们生活在一个三维空间的世界里，平面构成是将造型基本元素表现为二维形状，也就是只有长和宽的形状，而且平面构成是从一个视点来观察的，倾向于视觉的感受。相对于平面构成来说，立体构成有更复杂的空间体验。立体构成所占用的空间和形态具有高度、深度和宽度三个维度，是三维空间造型的基本形式。也就是说，立体构成是将造型的基本元素从二维形状改变成三维形状，它不仅要同时具有长和宽，还要同时有高度和深度的形状。立体构成是由多个视点来观察的，同时注重视觉和触觉的感受。

立体构成不需要受任何外部框架的限制，在特定空间中，根据设计意图和需要以及环境的允许，可以任意发挥、舒张。如一幅画、一张广告招贴，它们都是由外框进行限制的，而立体造型是没有外框限制的，如雕塑、工业产品、建筑等。立体构成在研究一个具体形态的过程中，一般是将形态理解并分解为一个原始的形态来进行理性的分析，融入创作者或设计者的自身经历和情感因素，然后在以现实生活为基础的层面上，融入理想抽象的因素，并最终产生新的形态。因此，立体构成的抽象形态通常与现实生活有一定的联系。它能体现出创作者的情绪，给观看者带来感官上不一样的感受。比如，利用体积大小的变化、形状的变化而产生一种力感，这种力感与自然界中的自然之力不同，它是人们心中的一种力感，是二维空间不能全然表现的力度感或光影，通过三维造型产生的不同光影变化给人们带来新的感官感受，体现作品的情绪（图4.1）。立体构成作为立体造型设计的基础学科，应综合考虑立体构成的空间因素，如不同材质、色彩、技术因素等，均能产生具有不同感情色彩的设计作品（图4.2）。

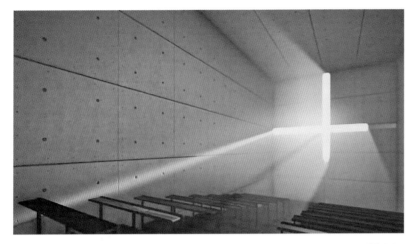

图4.1

图4.2

4.1.3 立体构成的形态分类

在大千世界中，存在着千变万化的形态，它们大致可分为两大类：自然形态和人工形态。自然形态是指不依靠人们的意志而存在的一切可视、可触摸并客观存在的形态，如河流、山川、湖泊、草原等，都是自然界天然存在的物质形态，在通常情况下是不会依照人的意志改变而改变的。与之相对的人工形态则是指人类有意识地从视觉要素之间的组合或构成等活动所产生的形态，如建筑、工业产品、交通工具、服装、家具等。

▲ 图 4.1　通过光影变化创造的形态（来源：安藤忠雄）
▲ 图 4.2　通过视点和材质形状变化创造的形态（来源：简·多伊尔）

1）自然形态

　　自然形态可划分为有机形态和无机形态。有机形态是指具有生命的，可以再生或能够生长和变化的形态，如动物、植物等。而无机形态是指无生命特征，不可再生和不能生长的形态，如山石、矿物等。其中，自然形态还可划分为有序性和无序性、有规则性和无规则性、偶然性和必然性（图4.3—图4.6）。

图4.3　　　　　　　　　　　　　　　　　　　　　　　　　图4.4

图4.5　　　　　　　　　　　　　　　　　　　　　　　　　图4.6

▲ 图4.3　植物的立体形态（有机形态）（来源：秦婷）
▲ 图4.4　石头的立体形态（无机形态）（来源：陈锐）
▲ 图4.5　有序性的自然形态（来源：田野牧蜂）
▲ 图4.6　无序性的自然形态（来源：陈锐）
▶ 图4.7　具有特殊功能和美感的人工形态（来源：蔚来）
▶ 图4.8　人工具象形态（来源：米开朗基罗）
▶ 图4.9　人工抽象形态（来源：三星堆博物馆）
▶ 图4.10　介于抽象与具象之间的形态（来源：Johnson Tsang）

2）人工形态

　　人工形态是人类根据自己的生产生活目的有意识地创造出来的，比如，城市建筑、汽车、飞机、轮船、饰物、雕塑等。其中，汽车等是人们从生产生活的目的和实用功能的角度出发设计的形态（图4.7），而雕塑是将其本身作为一种艺术欣赏对象而存在的艺术形态。这就从根本上使人工形态根据其使用的目的不同，有了不同的功能与形式上的要求。

　　人工形态根据不同的造型特点又可分为具象形态和抽象形态。其中，具象形态是根据物体客观存在的本来面貌进行的写实构造，其形态与实际形态相近或相仿，直接反映了物象的本质和具体细节以及真实的存在。抽象形态不直接进行模仿，而是根据原型的概念加入人的意志赋予其新的意义创造出来的新的观念符号，使人无法直接辨认其原本的形态和意义。抽象形态是以纯粹的几何观念提升的客观意义的形态，如正方体、球体以及由此衍生出来的具有单纯特点的形体（图4.8、图4.9）。介于具象和抽象之间的半抽象形态，常常有着现实形态的基本反映，再加入拆解、重组、变形，使新形态介于具象与抽象之间（图4.10）。

图4.7　　　　　　　　　　　　图4.8

图4.9　　　　　　　　　　　　图4.10

项目 4.2　立体构成的要素

　　立体构成是以视觉效果为目标，通过一定的手法（分割、组合）将自然材料或人工材料按照美的原则，组合成个性、富有美感的形体。无论最终的形式如何，单看过程，我们将其还原的结果便形成了立体构成的基本要素——点、线、面、体。在了解基本要素的基础上进行构成创作时需要注意两个问题：一是，不要过度拘泥于材料，这样会因材料本身的局限性禁锢了自己对基本元素的理解。二是，不宜过度地考虑基本元素之间的配合运用，即便构思出较好的形式，也会发现不确定将用哪种材料或哪几种材料来表达，因为现实生活中很少有材料能让我们直接拿来使用，或多或少要对材料做一定的加工。

　　把握这两点，便可以更好地站在立体构成原理的基础上进行思考，达到成功造型的目的。下面从立体构成的四要素点、线、面、体详细讲述。

4.2.1　点

　　区别于几何概念上的点，立体构成中的点具有形状、大小、方向、位置等变化特点。在平面构成中，点是一切事物在视觉上所呈现的最小状态，任何相对面积最小的形态无论其形状如何，都具有点的特征和属性。在立体构成中，人们可以借助平面构成点的概念来帮助理解，在此基础上加上空间和体积的概念，就很容易理解立体构成中点的意义。

一点一点聚
起来

　　在立体构成中，点可以有意义地独立存在并具有凝视注意力的作用。点也是基本元素中最小的元素，点作为基本元素可以是任何物体、任何形态的抽象物体。

　　由于点可以有意义地独立存在并具有凝视注意力的作用，所以在立体构成设计中点能格外地吸引人的注意，并可以用来强调和改变设计意图节奏，通过排列、组合同样会产生强烈的空间感，是设计者在三维设计中经常采用的元素之一。

　　讲到这里，读者可能会问，究竟立体构成中的点是怎样的？设计运用时又是怎样的？第一个问题，在立体构成中的点由两部分构成：

　　一是自然要素，比如，你的面前有一个荷塘，里面种满了荷花，那么在密密麻麻的荷叶中，可以将每一片莲叶看成一个点（图4.11）。又或者小溪边上的鹅卵石，每一块鹅卵石是一个点（图4.12）。这就是前文所述的：立体构成里的点有着大小、排列等变化性的特点。

　　二是人工要素，也就是人工生产的工业制品。它有着非常繁杂的种类和各式各样的变化，给我们的设计提供了无尽的资源。举几个简单的例子，例如，具备点元素的人工制成品纽扣、灯笼等（图4.13、图4.14）。

图 4.11

图 4.12

图 4.13

▲ 图 4.11　自然点元素——荷叶（来源：文旅山东）
▲ 图 4.12　自然点元素——鹅卵石（来源：陈锐）
▲ 图 4.13　人为点元素——纽扣（来源：陈锐）
▶ 图 4.14　人为点元素——树木切片（来源：寿家梅）

图 4.14

4.2.2 线

点动成线，康定斯基研究线之后得出线是由点运动后的轨迹产生的。在区别几何线的意义上，我们需要弄清在立体构成中，线的特点是除了具有方向外，还存在体积感，也就是空间量感。

用线织的
"几何森林"

几何定义下的直线、曲线、折线，平面设计中的线，三维设计中的线，我们如何进行对比区别呢？结合现实生活中的电线就比较容易理解，那么蜿蜒向前的火车轨道呢，同样也可以理解成线，它们之间的区别就是体积的变化，所以立体构成中的线元素可以理解成一切具有线特征的有具体体积空间的任何事物。

由于线具有方向、长度等特征，所以线元素在立体构成中具有连续性的特点，像点元素一样，通过特定的排列组合（如渐进、交叉、重叠等）可以形成千变万化的形态，接下来研究它的具体变化。

1）表现形式

一是单独的线性表现（图4.15）；二是自身作为别的表现形式的附带。单独表现从字面上很容易理解，它是以线元素为主题的构成设计，具体的设计思路稍后讲述。附带表现虽称为附带，但它的作用是不容忽视的（图4.16）。

图 4.15

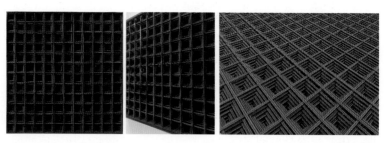

图 4.16

▲ 图 4.15　线性表现（来源：隈研吾）
▲ 图 4.16　线性表现——纤维艺术作品《筑梦》（来源：寿家梅）

2）表现形态

（1）直线和曲线

直线给人的感觉是硬朗、简洁、明快，曲线给人的感觉是婉转、柔和、愉快。当然，以上用到的6个形容词是褒义的，也就是说，只有线元素在遵循了美的原则后才会产生效果。

（2）直线的虚实

线元素是一种抽象的形态，它以简洁抽象的形态存在于自然中，有虚实之分。大多情况下虚与实是相对存在的。在平面构成里，我国传统的线描文化对平面线的虚实使用已经到了炉火纯青的地步。反过来，一个含有线元素的构成作品，较明显的线可以理解为实线，而边缘线由于不独自成为形体，可以将其理解为虚线，以虚线突出实线就不难理解了。

（3）曲线的规则与不规则

曲线的表达形式很复杂，可归结为两大类：规则的与不规则的。规则曲线所带来的三维形体会是规则的形体，如圆形。组成圆形的线是规则的圆，在相应的立体构成中，无数条圆形的线会形成球体或圆柱、圆环、圆锥体等规则的形体。不规则曲线的构成同样有许多例子，如山地、丘陵、弧形构建等不规则的形体。

（4）线的表情与特征

在学习平面构成时讲到过不同的线具有不同的表情与特征，比如垂直的直线具有坚毅、明确等特征，水平的线具有延伸、深远等特征。在立体构成中这些特征不仅继续存在，而且还会通过空间体积的灵活变化，使原本线的性质特征更加强化。例如，建筑上柱子的使用，除了力学结构外，从美学上讲，它充分体现了其作为线元素（垂直线）的庄重张力。

4.2.3　面

面的形态包含了点与线的因素，点线的密集与移动构成了面，这是基本的造型原理，由此想象平行的直线连接成平面，一定的曲线连接成曲面。为了便于理解，下面将面元素做如下分类解释。

面的立体
实验

1）面的形态

面可分为平面和曲面。从字面上解释，平面为有规则的面，也就是几何平面。曲面由规则曲面和不规则曲面组成。在设计中如何选择不同形态的面，取决于不同的面带给人的不同心理影响。下面以典型的梧桐树叶来具体说明面元素的特点（图4.17）。

每片树叶都是一个具体的规则曲面，每片叶子之间又是不规则的排列。

图4.17

◀ 图4.17　梧桐树叶（来源：陈锐）
▶ 图4.18　普手（来源：古玩轩）
▶ 图4.19　建筑设计——国家体育场（鸟巢）

2）面的虚实

实的方面大家比较容易理解，至于虚的一面，我们可以将其理解为面的虚化。通过视觉上的处理，使原有的体积量感减弱，以达到服务整个构成的目的（虚化的面是为了使实面更加突出）。构成设计所在的近现代设计中，虽然是以包豪斯学院开启的新的设计理念和教学理念，但是我们不能忽略传统文化中透漏出的立体构成形态。远到新石器时期的陶艺，再到夏商周青铜文明，开启了中国古代立体构成设计的开端，尽管立体构成概念的提出与之相比还显得太年轻。我们从青铜文化中摘取一个小小的例子来说明问题。以普手（图4.18）为例说明面元素在设计中的应用，其造型可以是自然模仿也富含神奇的想象。

3）立体构成中的面元素与平面构成中的面元素的区别及联系

首先是区别，最大的区别是空间上的，无论平面中面元素以怎样的明暗虚实的表现手法营造空间感，我们知道这样的空间是不存在的，是眼睛的错觉，而立体构成中的空间是实实在在存在的。其次是联系，二者密不可分。立体构成中的面是在平面构成中的面元素的基础上得来的，无论立体构成中面元素如何灵活变化，无论其形态多么抽象，如果去掉空间概念，它就会变成平面的面。

那么，在今天与我们生活息息相关的设计，又是怎样的呢？用现代建筑加以说明。尤其是国际化的大都市都比较注重整个城市中建筑物的外观，建筑外观直接反映这个城市的性格和发展方向。

国家体育场（鸟巢）（图4.19）在外立面这个整体的面内有多个六边形的小面，六边形的面看上去像蜂巢，但在面的排列、大小、前后顺序上做了有意的设计安排，一下子就变得活泼、新颖起来，而每个小六边形的面又是点元素的彰显，是难得的成功设计。

图4.18

图4.19

4.2.4 体

1）体的概念

天马行空的
装配艺术

　　立体构成的表现载体——体。试想体是如何形成的。就像我们使用建模软件一样，确定了一个正方形的面积后，只要给它一个厚度，就会拉伸出一个正方体，这样就形成了体。规则的面形成规则的体，不规则的曲面通过运动会形成不规则的体。在这里我们需要注意的是，体的形成需要面的运动。

　　体占据实质的空间，因此只能通过视觉触觉感知它。体相对点、线、面有着自身特殊的视觉和触觉表现性。例如，一张轻盈的纸，之所以感觉它是轻盈的（只是想象一下就已经感觉到轻盈了）是因为它的厚度很薄。长方体的建筑物再配以沉重的色彩，会给人厚重的感觉（图 4.20）。

图 4.20

2）体的形态

　　（1）规则形态与不规则形态

　　体是由面的移动、翻转、扭曲、挤压形成的。规则的面会形成规则的形体（如正方体），不规则的面会形成不规则的形体，体的形态千变万化。

　　（2）形体的虚实

　　点、线、面元素都有虚实的变化和应用，体也不例外。形体的虚并不是虚无的意思，当我们看到一片树叶时，第一印象是它的正面，也就是影响形状那一面的形态，我们可以将正面理解成形体的实。既然是形体，没有体积是没办法称作体的，那么决定因素就在于树叶的厚度，这时厚度就是形体虚的一面，它的存在一样是至关重要的。没有虚的存在就不会有实的存在，二者相互依存。

▲ 图 4.20　雕塑艺术作品《黑白之间》（来源：寿家梅、王旭标、曾鹏）

4.2.5 空间

1）空间的概念

在立体构成的构成要素中，空间是一个非常重要又常常容易被忽视的要素。当我们把手伸展在空中，试想我们的手里有什么时，有的人会说空气，有的人会说什么都没有。如果手中随便拿着一样东西再进行提问，就会立即得到答案，这就是空间的问题。第一次是因为手掌上的空间太过于抽象，以至于很难联想到空间；第二次和第一次相反，很容易联想到具体的事物，而忽略了事物所占据的相应空间。我们可以把第一次的空间称为心理空间，第二次由于有具体的事物，可称为物理空间。

生活的容器

我们往往很容易注意到物理空间，因为它与我们的生活联系得更为紧密。物理空间是指物质形态实体所限定的空间，即物质形态存在的形式。物理空间是依靠物质形态的长度、宽度和深度来表达的，与物质形态一样是客观存在的。空间和物质形态是相互的，物质形态依存于空间中，空间也要依借物质形态作限定。

2）空间的特性

（1）空间的虚实

空间是由点、线、面等元素构成的，所以空间的性质可以是元素性质的体现。有人可能会问，体本身不就是空间吗？为什么体还是空间的组成部分呢？答案是空间所包含的意义更广。空间的实，即物理空间，是我们看得见摸得着的空间体积，它的空间大小形状完全由实在的物体决定；虚空间不是不存在的空间，而是存在于我们心中的空间，也称心理空间、感知空间。它是物质形态的空间实体（物理空间）向四周的扩张或延伸的结果，意义非凡，是立体构成的重大意义所在。我们的立体构成设计其实就是空间设计，目的是通过物理空间的设计制作来影响我们的心理空间。

（2）空间的作用

既然空间是我们着重研究的对象，我们就需要了解空间的具体作用。在练习素描写生时，最常见的情形就是通过移动静物台上物体的摆放位置，或者干脆移动自己视点的位置，从而获得一个新的角度构图空间。需要注意的是在这两个过程中，静物自身并没有发生具体的变化（如大小、长短、色彩等），而它们先后已经处于两个完全不同的空间。这就是空间在立体构成中的重要作用，是一个值得深入探讨的要素。

（3）立体构成与平面构成的区别

立体构成与平面构成的最大区别莫过于空间问题，立体构成研究的是三维空间，而平面构成研究的是二维空间。这样的差别不是单纯数字上的变化，正因为立体构成是三维空间而造就了立体形态与平面形状的区别。

（4）空间与设计

讲到三维设计不得不提及平面设计，当我们面对一组平面设计方案或一幅画时，通常只是从正面欣赏；反之，当我们面前有一个立体构成设计时，我们通常会围着它转上一圈，甚至近观远眺一番后才能欣赏完毕。所以，想要了解一个物体的形态，就必须从不同角度、不同距离进行观察，并将所得的不同形状的印象在大脑中统合成一个整体的立体物质概念。观察如此，设计同样如此。在设计的同时要想到我们的作品成型之后在远观、近观、上下、左右是一个怎样的状态，怎样转换角度，怎样给人完美的视觉感受，只有经过这样的思考，设计出来的作品才能接近完美。

（5）空间的感知

从名词解释上看，空间已经跳出立体构成设计出来的作品，各种原因、各种环境都能形成空间，比如封闭空间、半封闭空间、人为空间、自然营造空间等。

从空间的感知方面看，一个空间究竟带给人什么样的感觉，恐怕只有我们置身其中才能得到答案，不同的人在同一空间内会有不同的感觉，是空间作用于我们的内心，然后感知到空间。

①内部空间和外部空间。我们看到一个物体时，只要是三维存在的，首先是从它的外部给我们一个空间体积，例如足球，外部看起来它是圆形，占据了一个圆形的空间。

②立体构成。设计最终是为了服务生活，无论是直接应用还是间接观赏。我们运用点、线、面元素进行构成设计，在设计应用时，需要考虑的是外观和内部空间。外观如何由点、线、面元素按照我们的思路进行组合、排列，达到设计者的意图，有时是达到甲方满意的程度。内部空间除了考虑其用途外，美化也离不开元素间的组合设计。

在上海世博会期间，各国的场馆可谓是经典的立体构成设计，如中国馆、韩国馆和英国馆（图4.21—图4.23）。

图 4.21

图 4.22

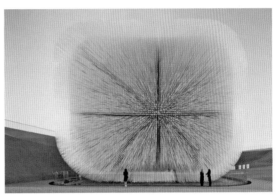

图 4.23

［作业任务］

1. 作业要求

点、线、面元素素材收集。

2. 作业数量

自然元素，点、线、面的元素体现各 5 张，人工元素点、线、面的元素体现各 5 张。

3. 建议课时

4 课时。

4. 作业提示

照片和手绘形式均可，照片作业为电子档 .JPG 格式。

▲ 图 4.21　中国馆（来源：何镜堂）
▲ 图 4.22　韩国馆（来源：Minsuk Cho）
▲ 图 4.23　英国馆（来源：Heatherwick Studio）

项目 4.3　材料

在制作立体构成的过程中，除了构成手段、表现构成的载体外，材料便是核心，所以，了解各种材料的性质和特征尤为重要。从事造型活动的人，不仅要具有材料的相关知识，而且必须通过制作、实验、参与等活动和体验，充分学习材料的应用技法。除材料自身属性的研究外，还应研究其加工手段、连接方式等。

温柔的包容

本节所介绍的材料，除了木材、金属、纸等可塑性传统材料外，也包括塑料等新材料。随着社会的发展和科技水平的提高，材料将会日新月异，随之而来的是造型表现方式的丰富和多样。

4.3.1　木材

1）木材特性

相较于石材、金属等其他材料，木材更加柔软、轻盈，易于加工。但木材源于有机体，易腐蚀、变形、干裂，在不同的成长环境下木材也存在自然差异。所以，创作者必须了解木材本身的性质，从而在不违反材料性质的前提下更好地驾驭这种材料，创作出优秀作品。

2）木材造型的基本技法

（1）雕刻

雕刻是传统木雕艺术中最常见的一种技法，大多数都是用木刻刀雕出的形态，也可以用锯片、打磨机、抛光机、电动雕刻笔等工具进行创作。图4.24为谭木匠木梳雕花。

（2）组合

木材榫卯结构是古代东方建筑常用的一种组合方式，是连接木材最适合的方式和最悠久的技法。

（3）弯曲

由于木材本身的特征——弹性及韧性，可以将其弯曲加工。德国设计师迈克尔·托尼特及其兄弟发明了蒸弯技术，把木材弯成曲线，然后用螺钉装配成家具，充分表现了木材的曲线美（图4.25）。

（4）切割

将原木分割成大小不等的部分，称为木材的切割。切割可以将木材制作成表面光滑细腻的效果，也可以将其制作成粗犷原始的效果。

（5）削

　　将木材薄薄切削的技法，除了制作胶合板外很少被利用，而用刨刀削出的刨花具有独特的美感。刨花主要有两种形式：一种为屑状（图4.26），另一种为片状（图4.27）。

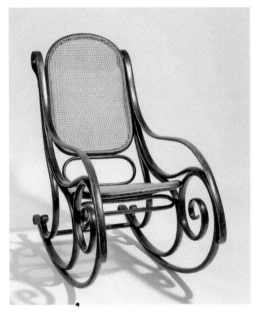

图4.24　　　　　　　　　　　　　　　　　　　图4.25

图4.26　　　　　　　　　　　　　　　　　　　图4.27

▲ 图 4.24　谭木匠木梳雕花
▲ 图 4.25　椅子（来源：迈克尔·托尼特）
▲ 图 4.26　铅笔屑状木屑（来源：陈锐）
▲ 图 4.27　铅笔片状木屑（来源：陈锐）

3）木材造型的连接

木材造型的连接主要包括直接连接和连接器连接。

（1）直接连接

①边缘连接：包括平接、缺口接合、借用榫舌的部分、榫舌接合、插削接合和相互接合等。平接是将准备结合的木材用刨刀削平，涂上连接剂将其并在一起的接合方法。由于接触面小，加工时精细度要求较高。缺口接合是把两片木板的口面部分取一半相互削成缺口加以结合，接口面无须使用连接剂。在铺地板或薄墙板时，缺口接合使用得比较多，且接缝处理得越不明显越好。借用榫舌的部分是在一种木板的剖面略微加以平滑处理后，挖出木板厚度 1/3 大小的沟或小孔，然后将硬质木材插入沟中，涂上连接剂，较前两种方式更坚固一些。榫舌接合是把一个木材的剖面处理成凹形的沟，并与另一个木材的剖面制成凸形的榫舌加以接合的方法。插削接合是将木板的剖面加以平滑处理，在剖面的中心线上以一定的间隔挖孔，孔的直径为木板厚度的 1/3 到 1/2 的较为标准，加工后，在接合面与插削孔上涂满连接剂来接合。这种接合方式可以得到接合面耐折耐弯的板材。相互接合包括插削接合（图 4.28）、示榫接合（图 4.29）、榫舌互相接合（图 4.30）、山形互相接合（图 4.31）和蚁形互相接合（图 4.32）。

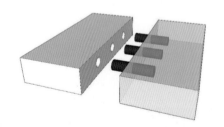

图 4.28

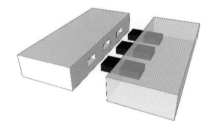

图 4.29

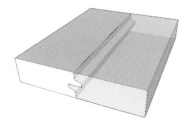

图 4.30

图 4.31

图 4.32

图 4.33

◀ 图 4.28　插削接合（来源：吴懿）
◀ 图 4.29　示榫接合（来源：吴懿）
▲ 图 4.30　榫舌互相接合（来源：吴懿）
▲ 图 4.31　山形互相接合（来源：吴懿）
▲ 图 4.32　蚁形互相接合（来源：吴懿）
▲ 图 4.33　割面条状榫舌嵌接（来源：吴懿）

②嵌入及吸附接合：包括剖面嵌接和吸附接合两种（图4.33—图4.37）。

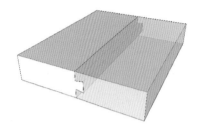

图4.34

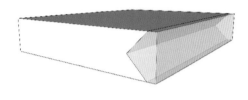

图4.35

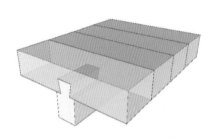

图4.36

图4.37

③平直接: 将板材以直角的方式结合成T形或L形, 然后用钉子和螺栓将其固定住(图4.38—图4.43)。

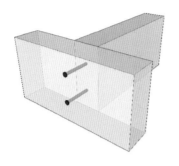

图4.38

图4.39

图4.40

图4.41

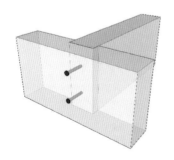

图4.42

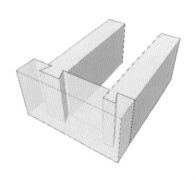

图4.43

④组接：将板材像左右手手指一样交叉组合在一起，再使用连接剂及钉子加以固定。一般组合的组数为 2 ~ 8 组不等（图 4.44—图 4.49）。

图 4.44

图 4.45

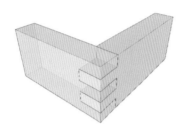

图 4.46

图 4.47

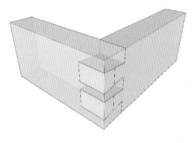

图 4.48

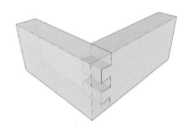

图 4.49

▲ 图 4.44　2 片组接（来源：吴懿）　　　　▶ 图 4.51　不合纹平止接（来源：吴懿）
▲ 图 4.45　3 片组接（来源：吴懿）　　　　▶ 图 4.52　借助榫舌平止接（来源：吴懿）
▲ 图 4.46　5 片组接（来源：吴懿）　　　　▶ 图 4.53　隐藏榫平止接（来源：吴懿）
▲ 图 4.47　8 片组接（来源：吴懿）　　　　▶ 图 4.54　粗榫平止接（来源：吴懿）
▲ 图 4.48　蚁组接（来源：吴懿）　　　　　▶ 图 4.55　借助榫舌止接（来源：吴懿）
▲ 图 4.49　包蚁组接（来源：吴懿）　　　　▶ 图 4.56　附木条止接（来源：吴懿）
▶ 图 4.50　嵌入平止接（来源：吴懿）　　　▶ 图 4.57　十字交止接（来源：吴懿）

⑤止接：在结合部位把两块木材的头部切成 45°，使得木材的头部不出现在外面，这样的接法因彼此拉扯而不宜移动，在画框、照片框或桌面等方面使用较多（图 4.50—图 4.57）。

图 4.50

图 4.51

图 4.52

图 4.53

图 4.54

图 4.55

图 4.56

图 4.57

⑥交叉接合：将接合处的厚度面各切一半并加以组合形成。一般在接合处也使用连接剂、钉子或木螺丝进行加固（图 4.58—图 4.62）。

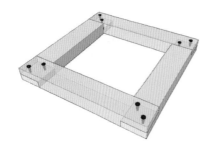

图4.58

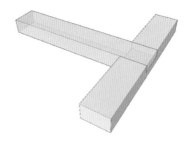

图4.59

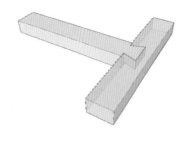

图4.60

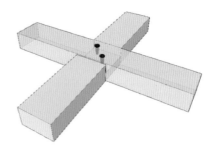

图4.61

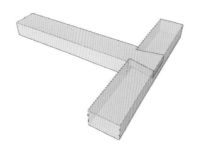

图4.62

▲ 图 4.58　矩形交叉接合（来源：吴懿）
▲ 图 4.59　T 形交叉接合（来源：吴懿）
▲ 图 4.60　包蚁形交叉接合（来源：吴懿）
▲ 图 4.61　十字形交叉接合（来源：吴懿）
◀ 图 4.62　蚁形交叉接合（来源：吴懿）
▶ 图 4.63　矩形三片接合（来源：吴懿）
▶ 图 4.64　T 形三片接合（来源：吴懿）
▶ 图 4.65　三片接合（来源：吴懿）
▶ 图 4.66　隐形三片接合（来源：吴懿）
▶ 图 4.67　包蚁形三片接合（来源：吴懿）

⑦三片接合：在接合处各取 1/3 加以分割，其中，一块以 1/3 处分割的线外侧部分，与另一块的 1/3 分割线内侧相当的中央部分加以切割，然后相互嵌入接合（图 4.63—图 4.67）。

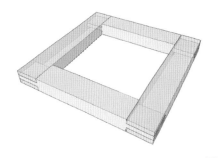

图 4.63

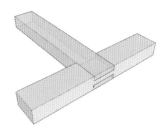

图 4.64

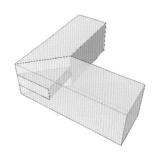

图 4.65

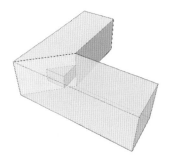

图 4.66

图 4.67

⑧榫接：在接合的木头侧面打孔，按孔的大小制作成插削相互连接即可。榫接的方式通常用于实木连接（图 4.68—图 4.77）。

⑨插削接合：主要分为 T 形接合和 L 形接合两种。插削接合与榫接比起来，有加工工艺单纯，工作精密度高，材料可节省等优点，但强度不及榫接。插进插削时也应涂上连接剂加以固定。插削接合的方式通常用于实木柜体连接（图 4.78、图 4.79）。

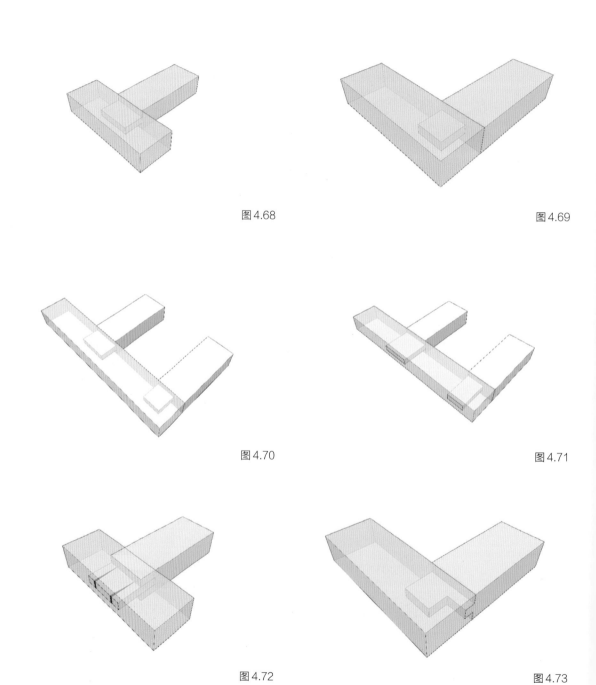

图 4.68　　　　　　　　　　　　　　　　　　　　　　图 4.69

图 4.70　　　　　　　　　　　　　　　　　　　　　　图 4.71

图 4.72　　　　　　　　　　　　　　　　　　　　　　图 4.73

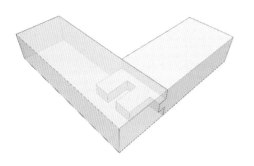

图 4.74

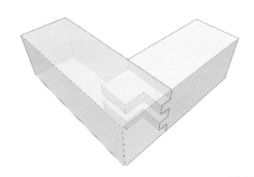

图 4.75

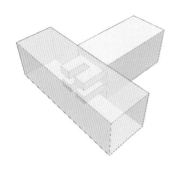

图 4.76

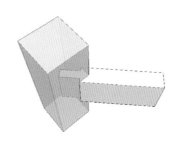

图 4.77

图 4.78

图 4.79

◀ 图 4.68　T 形平榫接（来源：吴懿）
◀ 图 4.69　L 形平榫接（来源：吴懿）
◀ 图 4.70　二重榫接（来源：吴懿）
◀ 图 4.71　透空榫接（来源：吴懿）
◀ 图 4.72　劈开楔子榫接（来源：吴懿）
◀ 图 4.73　腰榫接（来源：吴懿）

▲ 图 4.74　二重榫接（来源：吴懿）
▲ 图 4.75　两片榫接（来源：吴懿）
▲ 图 4.76　二重榫接（来源：吴懿）
▲ 图 4.77　角平榫接（来源：吴懿）
▲ 图 4.78　L 形插削接合（来源：吴懿）
▲ 图 4.79　三方向插削接合（来源：吴懿）

图4.80

（2）连接器连接

连接器连接主要包括螺丝、螺帽的连接器和偏心凸轮连接器两类。

①螺丝、螺帽的连接器（图4.80）：成品板式家具在组装过程中常用到螺丝这一连接器，螺丝柄的头部有六角孔、一字孔和十字孔的区别。插入型螺丝帽有打入式、螺旋式等的区别。

②偏心凸轮连接器：将螺丝柄插入偏心凸轮并使其旋转而达到紧密接合的连接方式。

百变金刚

4.3.2　金属

1）金属特性

自古以来，金属便是国之重器，贯穿于人们的生活之中。金属较其他材质更具有优越性且能广泛生产，因而在现代造型领域仍使用广泛。金属的种类较多，各具特征，以下是金属的一般属性：

①物理特征：一般而言，金属具有质量较大，能以高温溶解、能膨胀，是电及热的优良导体，有光泽、有磁性（铁、钢等）等特征。

②化学特征：可腐蚀性。

③机械特征：耐拉扯、耐弯曲、耐剪断，具有延展性，一般较坚硬。

2）金属的基本技法

（1）金属线的造型

①细线：细金属线和纱线、布料不同，具有特有的弹性和光泽，我们可运用这一特性进行创作。

②金属棒和金属条：随着社会的发展和技术的提高，金属棒和金属条被广泛运用于建筑之中。以埃菲尔铁塔为例，利用铁质线材组成立体格状梁结构，达到了当时世界的理想高度。此技术性革新对后来的建筑结构设计有着深远的影响。

利用金属弹性的曲线性以及可塑性的可自由弯折的线材能制作出各种线条变化的作品。图4.81为 Benedetta Mori Ubaldini 用细铁丝网做的雕塑。

图4.82为仓俣史朗的作品，铁网做成的大沙发椅子《月亮有多高》（*How High the Moon*）"仿佛坐在空气中的椅子"，完全改变了传统椅子的概念。

（2）金属管的造型

在英国最盛大的汽车聚会——古德伍德速度节上，这座巨型汽车雕塑吸引了众多参观者的目光。它高28米，重约175吨，全部由钢材制成，其造型是为了纪念捷豹 E-type 车型上市50周年而特别设计的。这一雕塑的特色是采用截断的金属管加以构成以及以孔穴为主要的造型要素。虽然金属管无法像线材一样自由弯曲，但是材料的粗壮感及构成的单纯性，赋予了造型强烈的美感和力度感（图4.83）。

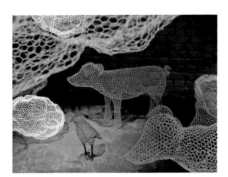

图 4.81

图 4.82

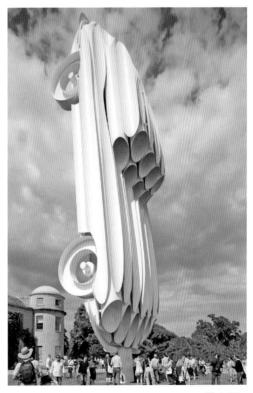

图 4.83

（3）金属板的造型

箱型造型以平面或曲面状金属板通过折叠、冷轧等方式组合而成，可以制造出立体的效果，如果将焊接部分的痕迹加以处理将会更加精致。另一方面，立体造型也可以利用铁的质感，制作出表现体量感、质量感和力量感的造型。

（4）锻造的造型

锻造是利用金属的延展性、易塑性，将金属块材或棒材，以铁锤加以敲打、延展、扩大、弯曲的造型加工技法。经过锻造处理的铁质造型有强劲的力量感。

（5）铸造的造型

铸造是利用金属在高温下溶解的性质，将高温溶解的金属液体倒入以其他素材制成的模具内的一种成型技术。在雕塑领域，青铜雕塑是利用铸造技术最普遍的造型物，而在黏土铸造成型、翻模、灌模、拆模、表面打磨的过程中，可以运用多样化的表现方式。如果制作有机性的复杂立体造型，无法运用弯曲或锻造加工时，铸造加工便成为最能发挥功能的加工技法。

图 4.84 为飞利浦·斯达克（图 4.85）设计的一个柠檬榨汁机。这款榨汁机除了造型、创意上具有独特性之外，唯有通用铸造加工才能制作如此奇异的造型。

图 4.84

图 4.85

3）金属的连接

（1）连接器连接

①蝴蝶形连接：该连接最典型的就是门合叶（图4.86），在日常生活中使用较为广泛，材质从木材、石材到金属，但基本的构造和制造方法没有变化。一般的合叶是使用较薄的两片金属板相互组合而成，在边缘制造成凹凸的构造，并在其中穿插一个金属条作为轴。

②带形连接：最典型的例子是皮带扣、手表扣。

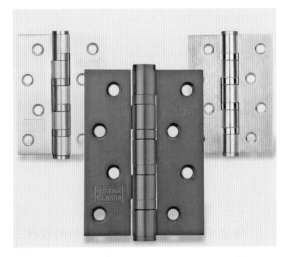

图4.86

③螺丝连接：螺丝连接是利用斜面原理进行连接，可分为圆筒和圆锥两种类型。具体的结合零件包括螺丝、螺帽、辅助零件与金属垫等。

（2）熔接

熔接是结合金属材料的一种重要手段，熔接方式主要包括弧光熔接、点熔接和焊接3种。

①弧光熔接：在点回路的过程中，金属材料接正极，熔接棒接负极，接触后根据产生的高温来结合。

②点熔接：在接触的材料上通过较大的电流，在软化的接触部分上加以机械压力将其接合。

③焊接：在材料的接触面上，使用比其熔点低的合金，并在此合金熔化后加以接合。

4.3.3　纸

1）纸的特性

纸是我国古代四大发明之一是用于书写、印刷、绘画或包装等的片状纤维制品。早在西汉，我国已发明了用麻类植物纤维造纸。

在日常生活中，纸是极为常用的材料。在造型领域，纸的轻薄质感、平滑表面，最适合表现现代造型的轻快感觉。因为纸具有容易加工的性质，所以被广泛用于各种造型及模型的制作。

一张纸也是
大千世界

◀ 图4.84　柠檬榨汁机（来源：飞利浦·斯达克）
◀ 图4.85　飞利浦·斯达克肖像画
▲ 图4.86　门合叶

2）纸的基本技法

（1）纸的二维半

纸浮雕是纸立体化的一种表现形式，纸张叠层的厚薄可以产生高低之感，纯白的纸产生的阴影较为明晰。纸的二维半表现的方式有叠层式、曲面式、纯折叠式和切割与折叠式等。

（2）拉伸与还原

在节目卡片与儿童读物中经常会看到用纸质材料制作的立体卡片形式，这种易于拉升与还原的形式来自纸质材料柔软的特性，为纸成为更多次元的造型材料提供了条件。拉升与还原包括 V 形折叠、W 形折叠、N 形折叠和口形构造等。

（3）曲面造型

曲面是纸质材料的另一种形式。曲面主要可分为平缓顺滑的曲面，如滑雪场的滑道；卷曲盘绕较为丰富的曲面，如过山车道。

（4）嵌入

嵌入是固定纸的一种较为有效的技法。一般来说，环状的造型比 U 字形或 V 字形更适合应用嵌入固定的技巧，而且较能维持造型的安定性。在进行切割及嵌入时，必须注意造型不要产生变形和歪曲的现象。

3）纸的连接

（1）点连接

鞋子的扣眼是点连接最好的例子，此种连接方式的特点只有一个结合点，固定后纸可以连接点为中心进行旋转。

（2）线连接

无论是古代以线为连接物还是现代以订书钉为连接物的书籍装帧都将纸张打孔钉入其中，虽然这种方式会损坏纸张，但也可拆开再装，达到灵活结合纸张的目的（图 4.87、图 4.88）。

（3）面连接

借助糨糊、胶水、固体胶等传统连接剂或现在高分子化合物的连接剂都可将纸与纸进行面的连接。除了使用媒介连接，还可用折叠纸张本身的方式将纸进行连接。

（4）纸的切入加工

根据纸较为柔软和轻薄的特点，可以通过一刀切或多刀切的方式将纸达到结合的目的。

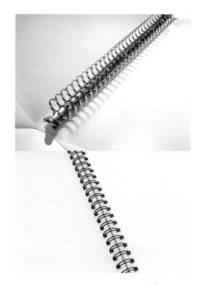

图4.87 　　　　　　　　　　　　　　　　图4.88

4.3.4　布

1）布和线的特性

布和纸张相似，通常以面材这一形态呈现。布较为柔软，可以折叠，是可塑性较强的材料。不论是毛线还是棉线，都可通过编制将其连接成面，产生丰富的有趣的形态。

2）布和线的连接

（1）缝

①手工缝制：手工缝制是新石器时代以来一种较为普遍的缝制手段。

②机械缝制：18世纪末，英国人发明了缝纫机。现今缝纫机的缝纹主要分为单环缝、针缝、二重环缝、边缘缝和扁平缝5种。根据布的性质、形状、技能和用途的不同，可以选择适当的缝纹与连接方式。

（2）编

编织物是由轮环构成的平面材料，富有伸缩性与柔软性。其种类有横编、圆编、直编等区别，不同的编织方式可以呈现出多种不同的编织形态。

▲ 图 4.87　预留手工孔洞与棉线连接（古书装帧方式）（来源：陈锐）
▲ 图 4.88　预留机钻孔洞与活动金属扣件连接（现代装帧方式）（来源：陈锐）

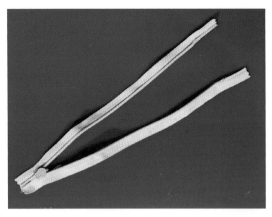

图 4.89

（3）打结

盘扣和中国结都是中式打结的典型代表。日本朝仓直巳的《艺术·设计的立体构成》一书中，把结分为结节、结合、结着、结缩、纹结和束结等几种形式。

①结节：指把绳子的一端制作成瘤的形状，防止绳子滑开和松掉。

②结合：指绳子与绳子的打结。

③结着：指绳子与其他东西的打结。

④结缩：指在绳子中央缩短其长度。

⑤纹结：指集结成花的样子，装饰用的结。

⑥束结：指捆绑其他的东西，把绳子卷很多次，留下结的样子。

（4）布的结合

日本的和服、印度的纱丽都是不借助于任何连接工具，利用布的特性，折叠、穿插成美观、实用的民族服装。

（5）连接物

纽扣和拉链是布料较为传统的连接物，纽扣是点状连接，拉链是线状连接（图4.89）。

［作业任务1］

1. 作业要求

选择不同材质、不同形态的材料进行多种形态组合，塑造一组具有个人风格的二维半形态——材质展示界面。

2. 作业数量

9张，10 cm×10 cm，装裱于35 cm×35 cm的硬质材料上。

3. 建议课时

4课时。

4. 作业提示

尽可能地收集、了解和感受材料，分析不同材质的特性，再根据其特性塑造不同的形体。

［作业任务2］

1. 作业要求

选择一种材料进行多种形态组合，塑造一组具有个人风格的二维半形态——材质展示界面。

2. 作业数量

9 张，10 cm × 10 cm，装裱于 35 cm × 35 cm 的硬质材料上。

3. 建议课时

4 课时。

4. 作业提示

任务 2 比任务 1 的难度更大。因为在使用同一种材料进行多种形态组合时，刚开始还比较容易，但 4 ~ 5 小时以后，由于对材料属性的挖掘深度和材料组合的思考广度不够，设计语言与手段便逐渐枯竭。因此，了解材料自身的特点，充分利用其可塑性是本阶段练习的重中之重。

图 4.90

1）作品名称：《硬纸板》（图 4.90）

　　教师评语：该生运用双色硬纸板，根据纸张的特性，运用卷、叠、折等方式进行了 9 个不同的体验，如果方式再丰富一些，将会是更好的作品。

图 4.91

2）作品名称：《皱纹纸》（图 4.91）

　　教师评语：该生选择了皱纹纸这一材质，运用卷、叠、折和编的手法进行创作。画面丰富，色彩搭配较好。

◀ 图 4.89　拉链（来源：陈锐）
▲ 图 4.90　《硬纸板》（来源：黄先雪）
▲ 图 4.91　《皱纹纸》（来源：周家敏）

图 4.92

3）作品名称：《布》（图 4.92）

教师评语：该生选择牛仔布这一材质，运用卷、编、折、缝和粘等方式进行创作，9 张作品几乎没有运用相同的手法，是一个不错的尝试。

图 4.93

4）作品名称：《毛线》（图 4.93）

教师评语：该生选择毛线这一材质，主要运用编、打结等方式进行创作。该作品对"编"进行了较多探索，是一个较好的作品。

图 4.94

5）作品名称：《塑料条》（图 4.94）

教师评语：在制作之初，材料的选择相当重要。该生运用黑色塑料条作为材料，将其制作成各种不同的造型，作品精致有趣。

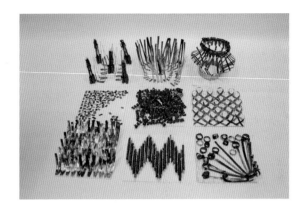

图 4.95

6）作品名称：《密封铁丝》（图 4.95）

教师评语：该生选用密封铁丝这一材质，对铁丝进行了多角度的解构和组合方式的探索。

图 4.96

7）作品名称：《豆》（图 4.96）

教师评语：点材是材料部分最难驾驭的材质，该生借助泡沫胶将点材进行造型，是一种较为新颖的制作方式。

图 4.97

8）作品名称：《竹》（图 4.97）

教师评语：该生选择竹为主要材料，将竹制作成不同的形态，思考深入，丰富有趣，是一个非常优秀的作品。

◀ 图 4.92　《布》（来源：邓易超）
◀ 图 4.93　《毛线》（来源：张娇娇）
◀ 图 4.94　《塑料条》（来源：王明云）
◀ 图 4.95　《密封铁丝》（来源：肖杨）
◀ 图 4.96　《豆》（来源：刘蓓）
◀ 图 4.97　《竹》（来源：赵伟）

项目 4.4 立体构成在设计中的拓展应用

管他什么
材料

作为研究形态创新设计领域的立体构成，所涉及的学科有建筑设计、雕塑设计、室内设计、服装设计、产品造型设计、展示、包装、装置艺术等设计行业。除了在平面上塑造形象与空间感的图案及绘画艺术外，其他各类造型艺术都属于立体构成艺术与立体造型设计的范畴。

4.4.1 立体构成与建筑设计

建筑设计是对空间进行研究和运用的艺术形式。空间问题是建筑设计的本质，在空间的限定、分割和组合过程中，同时注入文化、环境、技术、材料、功能等因素，从而产生不同的建筑设计风格和设计形式。

空间及空间的组织结构形式是建筑设计的主要内容。建筑设计是在自然环境的心理空间，利用建筑材料限定空间，构成一个最小的空间原型并以几何形体呈现。再通过几种几何形体之间重复、并列、叠加、相交、切割、贯穿等方法来塑造建筑的形态（图4.98—图4.101）。

图 4.98

图 4.99

▲ 图 4.98　景德镇御窑博物馆（设计：朱锫建筑事务所）
▲ 图 4.99　瓦伦西亚歌剧院（设计：圣地亚哥·卡拉特拉瓦）
▶ 图 4.100　新加坡交织大楼（设计：Ole Scheeren）
▶ 图 4.101　单体建筑 VIPP 庇护所（设计：美国 VIPP 设计公司）

图4.100   图4.101

4.4.2 立体构成与雕塑设计

雕塑在构思阶段的创意构思即雕塑设计，它是以视觉传达为媒介所产生的立体造型的过程，也称造型设计。雕塑在现实生活中以立体的物质形态占据着一定的、独特的空间位置。例如，城市大型景观、公园景墙、家具艺术、建筑、工艺陈设等。

雕塑设计是材料、质感、色彩、肌理、空间等方面的综合运用，是环境、建筑的有机结合。雕塑与立体构成的关系很大，好的立体构成作品本身就是一件现代抽象雕塑。所以，在雕塑的运用上，造型多样、材料多种、手法各异，尽可能以造型、材料和工艺的美观来体现环境的魅力（图4.102—图 4.105）。

图4.102

图4.103

图4.104

图4.105

4.4.3 立体构成与室内设计

立体构成在室内设计中的应用主要体现在对空间形象的分割、空间各界面的装修、空间内陈设与道具的构成 3 个方面。首先是对建筑所提供的内部空间进行处理，在建筑设计基础上，进一步调整空间的尺度和比例，解决好空间之间的分割、衔接、对比和统一。其次是按照空间的处理要求，将空间的几个界面即地面、天花板、墙面进行形、色、光、质等处理，采取几何曲面的消减和增加手法，达到生动活泼的效果。最后是对家具造型的设计与选择，应用立体构成对比协调的形式原理和方法，使室内空间环境与陈设呼应成趣（图 4.106—图 4.110）。

图 4.106

图 4.107

图 4.108

◀ 图 4.102　马形水鬼（来源：安迪·斯科特）
◀ 图 4.103　加波的构筑头第 2 号（来源：Naum Gabo）
◀ 图 4.104　钢丝雕塑（来源：Barbara Licha）
◀ 图 4.105　陶瓷雕塑作品（来源：凯瑟琳·莫林）
▲ 图 4.106　乌克兰住宅室内设计（来源：Batsmanova Tamara）
▲ 图 4.107　莫干山郡安里君澜度假酒店（来源：Martin Jochman）
▲ 图 4.108　土耳其 K House（来源：Escapefromsofa）

图4.109

图4.110

4.4.4　立体构成与服装设计

　　服装设计是运用美的规律设计创造生命的新形态和新形式，形成服装造型中的材质感、肌理感和空间感的表现形态。服装整体造型与立体构成造型一样，也是由圆形、三角形、方形3种最基本的形态组成，设计过程是从一个组合到分割，或从分割到组合的过程，通过对基本形态的分割拆解、变化拼接组合，形成千姿百态的服装造型。服装外形交叉组合结构的使用方法与立体构成造型一样，有联合、减缺、覆盖、透叠等手段。立体构成基本元素点、线、面应用在服装内形结构上更是千变万化，各种内结构分割线、纽扣点的表现促成服装美的造型（图4.111—图4.114）。

图4.111

图4.112

图4.113

图4.114

4.4.5　立体构成与产品造型设计

　　立体构成在产品造型设计中的应用范围广，涉及范围有产品造型设计、灯具设计和家具设计等。产品造型设计是科学技术与艺术的融合，是工业产品的使用功能和审美情趣的完美结合。现代产品设计通过立体构成的基本原理，运用抽象造型对几何体进行切割、组合、渐变、重复等表现手法，使产品具有较强的现代感和体量感，在视觉上具有良好的节奏感，合理的技术更能满足人们的需求（图 4.115—图 4.117）。

图 4.115

图 4.116

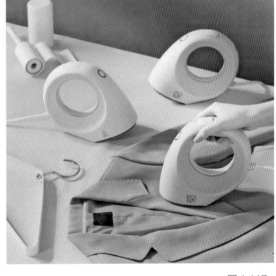

图 4.117

　　◀ 图 4.113　LUYAN2021AW 上海时装周（来源：杨露）
　　◀ 图 4.114　LUYAN2021AW 上海时装周（来源：杨露）
　　▲ 图 4.115　"相机"散粉盒（来源：稚优泉）
　　▲ 图 4.116　时尚扶手椅（来源：A'Design Award）
　　▲ 图 4.117　小蜗牛手持式熨烫机（来源：日本石崎秀儿 SURE）

4.4.6 立体构成与展示设计

高科技迅猛发展的今天，人们把展示称为空间传播媒介，为信息沟通和交流提供了全新的空间环境和宣传方式，成为产品形象和企业形象传播的有效工具。展示设计是人为环境创造、空间运用、场地规划的艺术，如博览会、产品陈列、商业橱窗、博物馆等，都属于展示设计范畴。展示空间中的造型实体是由立体造型中的点、线、面、体等要素组成的，这些要素不仅起到了划分和限定空间的作用，还传达了产品的信息和风格（图 4.118—图 4.121）。

图 4.118

图 4.119

图 4.120

图 4.121

▲ 图 4.118　橱窗设计（来源：Vitrine Roger Vivier）
▲ 图 4.119　瑞士雀巢体验中心（来源：Tinker Imagineers）
▲ 图 4.120　广州 Call me MOSAIC 书店（来源：郭振江）
▲ 图 4.121　2019 徐家汇东方商厦"缘起东方"主题橱窗（来源：中俄／三顶级团队）
▶ 图 4.122　TRREEO SOAP GIFT BOX 手工皂礼盒（来源：维克多品牌设计公司）
▶ 图 4.123　台湾寿塔美学（来源：Tribute to the gods）
▶ 图 4.124　McDonald's
▶ 图 4.125　Pizzas For Peace（来源：Ki Saigon Figlia）

4.4.7 立体构成与包装设计

　　立体构成与包装设计有着密切的关系，包装设计从造型设计到容器设计都离不开立体造型。包装的盒形设计、容器造型设计都是由被包装产品的性质、形状和质量来决定的。所以，将立体构成的基本原理运用到包装的造型结构中是一种科学的设计手段。

　　包装盒的设计是一个立体的造型设计，制作过程是由各个面的异移动、堆积、折叠等包围形成一个多面形体。面在立体构成中起分割的作用，在盒形设计中不同部位的面，可运用立体构成中的切割、旋转、折叠、插入等方式进行表现。而包装容器的造型设计，通常是在确定基本形（如几何形体、仿生形体）之后，再采用雕塑法进行体的切割、组合、肌理的设计，以此增强包装商品的视觉效果，吸引消费者（图4.122—图4.128）。

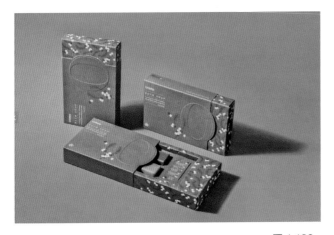

图 4.122

图 4.123

图 4.124

图 4.125

图 4.126

图 4.127

图 4.128

4.4.8　立体构成与装置艺术

装置艺术是立体构成中材料与空间的构成设计，是一个令观者置身其中的三维或多维空间的艺术和创作环境，现场性很强。装置艺术是艺术家在特定时空环境里把人类生活中已消费或未消费的物质文化进行实体化的表现。其表现的形态和空间是多变的，构成元素多元化，包容观众、促使甚至迫使观众在界定的空间内，由被动观赏转换成主动感受。装置艺术不受任何艺术门类限制，可以自由综合运用绘画、雕塑、建筑、音乐电影、录音、摄影等任何能够使用的手段，是一种开放的艺术表现形式。

装置艺术不是传统的雕塑艺术。传统的雕塑艺术对材料的选择和使用的意义在于对美的造型，体现材料的坚固性和永恒性，而装置艺术、材料和物品并不是艺术家任意雕琢造型的对象，而是主动参与进来为艺术家传达设计理念的媒介。在表现手法上，材料的概念和用途发生了变化。

在装置艺术这种三维立体和多维空间、立体造型设计里，绝大多数都运用了立体构成的造型观念。由此可见，立体构成已成为新潮设计的代表形式及艺术表现手段的先锋（图 4.129 —图 4.132）。

图 4.129

图 4.130

图 4.131

图 4.132

▲ 图 4.129　装置艺术《穿越时空秋千》（来源：Ann Hamilton）
▲ 图 4.130　气球装置艺术（来源：Jihan Zencirli）
▲ 图 4.131　装置艺术《冰川视角》（来源：霍赫约赫费纳）
▲ 图 4.132　彩色地板装置艺术（来源：Suzan Drummen）

项目 4.5　工作任务实施

工作任务 3　文化空间三维构架设计

学生工作手册

【学习情境描述】

请在"城市文化博览会的展厅设计"的一角设计完成"城市母体或城市地标"主题的三维构成，地面投影面积 2 m（长）×2 m（宽），高度在 5 m 以内。构成完成后，请将照片提交至教师指定的课程平台。

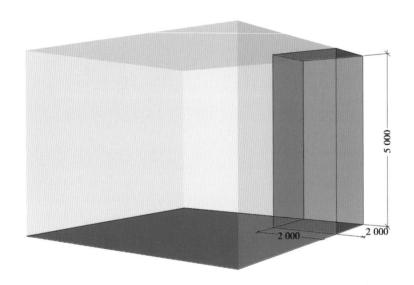

【学习目标】

◆知识目标

掌握空间综合构成的知识。

◆能力目标

具备空间综合构成的设计能力。

◆素质目标

①融美于技，树立正确创作观；

②传承文化，弘扬中华美育精神。

【流程与活动】

工作活动 1　前期工作

工作活动 2　概念方案设计

工作活动 3　深化方案设计

工作活动 4　评价与总结

工作活动 1　前期工作

活动实施

活动步骤	活动内容	活动安排	活动记录
步骤 1 客户沟通	1.学生分组 2.角色分配（设计师、客户） 3.列洽谈清单 4.客户洽谈	扮演角色	附件 4-1
		评价活动	附件 4-2
步骤 2 市场调研与 资料收集	1.项目调研 2.资料收集	记录调研结果	附件 4-3

注：附件请扫描对应的二维码，下载后打印并填写。

工作活动 2　概念方案设计

活动实施

活动步骤	活动内容	活动安排	活动记录
步骤 1 设计准备	1.分析资料信息 2.明确设计定位	制作设计灵感板	附件 4-4
步骤 2 制订设计方案	1.绘制概念设计图 2.对设计文案进行辅助说明	绘制概念设计图、 撰写设计文案	附件 4-5

注：附件请扫描对应的二维码，下载后打印并填写。

工作活动 3　深化方案设计

活动实施

活动步骤	活动内容	活动安排	活动记录
步骤 1 深化方案设计	1. 完成空间模型框架搭建 2. 完成模型细节	搭建框架模型 附件 4-6	
		制作模型细节 附件 4-7	
步骤 2 方案汇报 与修改	1. 方案汇报 2. 方案评价 3. 方案修改	汇报准备 附件 4-8	
		展示评价 附件 4-9	
		设计改进 附件 4-10	

注：附件请扫描对应的二维码，下载后打印并填写。

工作活动 4　评价与总结

评价

一级指标	二级指标	评价内容	分值/分	评分/分					
				自评	互评	师评	企业专家	客户	平均分
过程评价	沟通能力	能准确进行沟通	10						
	实操能力	能根据自己获取的知识完成工作任务；能规范、严谨地完成设计方案	40						
	创新能力	具备创造性思维和图面表达能力	10						
结果评价	岗位能力	设计成果的规范性	10						
		设计成果的内容	10						
		客户满意度	10						
增值评价	能力成长	竞赛获奖，公益参与	5						
	心智成长	心理调节能力	5						
总　分									

总结

一级指标	二级指标	总结内容	评语	
过程评价	沟通能力	能准确进行沟通	优点	
			缺点	
	实操能力	能根据自己获取的知识完成工作任务；能规范、严谨地完成设计方案	优点	
			缺点	
	创新能力	具备创造性思维和图面表达能力	优点	
			缺点	
结果评价	岗位能力	设计成果的规范性	优点	
			缺点	
		设计成果的内容	优点	
			缺点	
		客户满意度	优点	
			缺点	
增值评价	能力成长	竞赛获奖，公益参与等	优点	
			缺点	
	心智成长	心理调节能力	优点	

参考文献

［1］陈珊珊，褚福锋.构成基础 [M].青岛：中国海洋大学出版社，2021.

［2］隋凌燕，赵博.设计构成基础 [M].北京：电子工业出版社，2014.

［3］郭宜章，谭美凤，赵杰.色彩构成 [M].北京：中国青年出版社，2015.

［4］郭宜章，孙宇萱，徐慧丽.立体构成 [M].北京：中国青年出版社，2015.

［5］肖永亮，马春萍.立体构成艺术 [M].北京：电子工业出版社，2011.

［6］糜淑娥，刘韦晶.三大构成 [M]，沈阳：辽宁美术出版社，2016.